国家民委民族研究项目"南疆兵团少数民族特色团场（镇）文化
资源保护与发展研究"（2020-GMD-077）成果

南疆兵团民族特色团场（镇）文化资源保护与发展研究

孟福利　郭志静　刘禹秋　著

U0200238

羊苑出版社

图书在版编目（CIP）数据

南疆兵团民族特色团场（镇）文化资源保护与发展研究 / 孟福利，郭志静，刘禹秋著 . —北京：学苑出版社，2023.8

ISBN 978-7-5077-6718-6

I . ①南… II . ①孟… ②郭… ③刘… III . ①生产建设兵团 – 文化遗产 – 资源保护 – 研究 – 南疆 IV .
① G127.45

中国国家版本馆 CIP 数据核字（2023）第 133349 号

出 版 人：洪文雄
责任编辑：周　鼎　张芷郁
出版发行：学苑出版社
社　　址：北京市丰台区南方庄 2 号院 1 号楼
邮政编码：100079
网　　址：www.book001.com
电子信箱：xueyuanpress@163.com
联系电话：010-67601101（营销部）、010-67603091（总编室）
印 刷 厂：廊坊市印艺阁数字科技有限公司
开本尺寸：787 mm × 1092 mm　1/16
印　　张：19
字　　数：173 千字
版　　次：2023 年 8 月第 1 版
印　　次：2023 年 8 月第 1 次印刷
定　　价：98.00 元

目　录

第四章 "特色产业＋文创旅游"规划实践与示范 73

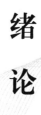

绪　论

屯垦戍边是中国几千年开发、保卫、建设边疆的历史遗产。1954年，中央政府决定在新疆成立生产建设兵团。历史经验告诉我们，屯垦戍边是符合中国国情和新疆实际的战略举措，新时代要继承和发展这种历久弥新的治疆方略。近70年的艰苦奋斗与开创并举，兵团人履行着国家赋予的屯垦戍边的光荣使命，形成了中国共产党精神谱系中重要的兵团精神和胡杨精神，给新时代创造了丰富的物质与精神财富。兵团人栉风沐雨，扎根边疆，同新疆各族人民一道，把亘古戈壁荒漠改造成生态绿洲，开创了新疆现代化事业，建成了规模化大农业，兴办了大型工矿企业，建起了一座座新型城镇，充分发挥了生产队、工作队、战斗队的作用。兵团为推动新疆发展、增进民族团结、维护社会稳定、巩固国家边防做出了不可磨灭的历史贡献。新的历史时期，巩固兵团团场（镇），拓展脱贫攻坚成果，扎实稳妥推进团场（镇）发展建设，持续整治提升团场（镇）人居环境，不断改善团场（镇）基础设施和基本公共服务条件，对于新疆社会稳定、民族团结、民生改善、生态发展具有重要的战略价值。

兵团始终牢记党中央赋予的职责使命，在天山南北的戈壁荒漠和绵延千里的边境沿线，造田植绿，兴业戍边，成为维护和促进边疆稳定发展的重要力量。兵团文化既是一种国家集体记忆的载体，又是一种特殊地方性文化的呈现。兵团团场（镇）是兵团文化呈现与可持续发展的重要形态，对其研究、保护和活用均须落实在具体的案例中。考虑到本研究重在提出理论，且因篇幅所限，故未多择取案例探讨，仅选取典型案例展开研究，以期能够起到以点带线的作用，为后期研究提供一定的理论基础与实践启示。

第一节　研究价值与国内外研究现状

"十四五"期间我国民族事业以加快经济发展、提高人民生活水平、增强基础公共服务能力、保护和传承民族优秀传统文化、完备民族政策理论体系这五个方面为主要发展目标。在这样的背景下，本书主要探索以文化资源保护与创新应用为切入点，实现兵团各民族社会经济发展，采取更加有力的政策措施推动民族聚居团场（镇）经济社会稳定、长效发展，调整区域发展模式，走符合兵团民族聚居团场（镇）自身特色的发展道路。

一、研究价值

（一）应用价值

一是落实乡村振兴战略在南疆兵团民族团场（镇）的精准保护和实践的具体任务，注重兵团红色文化与农业发展、科技赋能相结合的兵团特色团场（镇），凝练一批具有示范引领作用的红色文旅融合的兵团绿洲宜居的人居环境农业产业模式和产业兴旺的典型成果。其对建设"生态打底、产村融合、文化传承、基础配套"的民族村镇有积极意义；为实现民族贫困连片区的精准脱贫、人居环境质量提升、地域民族特色保护与发展、民族团结和稳固等提供实践指导和科学支持。

二是通过3~5年实践，在南疆兵团范围内建设一批具有典范性的绿洲人居特色团场（镇）。基本解决兵团小城镇文化景观特色不突出、特色产业与红色文化融合程度低、综合效益不高等突出问题。

（二）学术价值

截至 2020 年，兵团有建制镇 37 个，10 个乡级镇、179 个团场（镇）和 2000 多个连队。对探索"文化润疆"背景下的兵团民族团场（镇）的差异性精准保护和发展的理论模式具有示范价值；促进兵团标识性红色景观人居环境在文化传承、生态环境改善、就业提升、兵团农牧民增收，实现生态效益与社会效益双发展的重要作用，实现人居环境增绿、红色文化增值、文旅融合增效的良好局面，兵团特色红色文化团场（镇）稳健成熟是自治区文化与景观高质量发展的重要指标与具体成果。为建设干旱区地域特色文化产业村镇理论，缓解资源环境透支与生产、生活、生态发展的矛盾等提供理论与实践支撑。

二、国内外研究现状的评价

（一）"新疆团场（镇）城镇化研究"课题资助及研究趋势

通过对"新疆团场（镇）城镇化研究"国家级资助项目的数据梳理，选取 2015—2021 年时间段，以团场（镇）小城镇、文化产业及兵团文化遗产等关键字段进行匹配检索，得出有效资助项目 32 项。项目主要分布的学科领域有：旅游管理学、中国历史学、民族学、应用经济学、人文地理学等，其中旅游管理学、中国历史学、民族学、应用经济学等学科资助项目占 53%，以申请课题高度关联的 11 项研究为焦点，涌现出一批乡村振兴方面视角新颖、理论和方法独特的"兵团小城镇、兵团文化资源开发、红色文化产融协调"研究项目，这些项目呈现出兵团文化及乡村发展的理论建构、传承及应用研究趋势。南疆兵团小城镇地处丝路沿线，具有丰富的文化资源，在"文化润疆"战略实施中依然发挥着突出的价值。保护和发展兵团红色文化资源、特色农业与工业资源、丝路文化廊道上民族团镇是解决兵团"三农"问题的重要切入点之一，也是保护与发展丝路文化带的重要途径。

（二）相关研究理论与实践

1. 特色人居保护与规划的理论、乡村文化旅游产业的理论与实践研究：《基于共享发展的兵团小城镇规划策略研究》（程昕瑞、耿虹 2018）；《新疆兵团特色城镇化模式与路径研究》（王蕾 2018）；《针对兵团团场（镇）旅游规划研究》（张思雨 2017）；《以新疆喀纳斯三个图瓦人村落案例，提出了民族村落生态旅游开发的六方面内容》（周建明 2014）；《以旅游产业融入的视角为乡村聚落的空间优化实践提供参考》（黄嘉颖 2017）；《科学规划，推动文化产业成为新疆国民经济特色产业研究》（王述芬 2015）；《针对新疆特色文化产业发展的资源禀赋、困境，提出地域特色的战略选择》（何伦志、叶前林 2017）；《新疆文化产业发展现状及存在问题的对策研究》（甘晓成、刘环玉、姚卫坤 2012）。

2. "文化润疆"战略的内涵解读及理论探索：《兵团红色资源是数代兵团人履行维稳戍边使命的历史见证，是文化润疆的题中之义》（杨梅华、胡建松 2021）；《开发利用兵团文献资源，打造红色文化旅游品牌（欧阳习若 2020）；深入开展文化润疆工程》（梁玉春 2020）；《实施乡村振兴战略，关键是打破土地财政制度，要尊重经济发展规律，尊重生态发展规律》（陈文胜 2017）；《实施乡村振兴战略，必须围绕"钱、地、人"等要素的供给》（韩俊 2018）；《特色乡镇精准发展，首先精准在产业的承载力方面，探讨特色文化与特色产业的融合实施路径》（陈淮 2017）；《科学识别乡村发展层次，制定层次适配的乡村振兴战略的具体对策》（傅国华、李春 2017）；《新疆柯尔克孜族刺绣艺术在特色文化产业振兴中的实践探索》（徐静仪 2018）。

3.国外传统乡村聚落研究主要是特色乡村的主体保护、价值资源评估、文化开发:《英国乡村规划空间尺度的经验与启示》(周游、魏博阳、韦浥春 2019);《日本的乡村驿站建设经验及其借鉴》(陈林、刘云刚 2018);《在村落遗产保护过程中,提升公众的保护意识,有效发挥利益相关者的作用》(Shahrul Yani Said 2018);《多渠道资金筹措、多主体承担的英国小社区文化遗产保护和管理》(Frank Masele 2016);《迪拜传统聚落物质文化资源价值评估及保护、管理的举措》(Norman Kirsty 2017);《纽约库珀斯敦文化遗产与特色体育旅游产业融合的探索实践》(David A Fyfe 2016)。

综上所述,既有研究成果为我们提供了一定的可借鉴理论价值,东南地区传统聚落和国外传统村镇的乡村振兴是建立在社会条件发展成熟这一基础上;目前民族村镇个案的价值、特征、实践成果,因新疆的特殊条件,难以指导兵团贫困连片区的特色团镇保护与发展建设。新时代背景下,针对兵团突出民族团镇发展不平衡、不充分的问题,本书旨在探索新疆贫困连片区团镇差异的科学识别体系、乡村发展要素分层推进策略、区域特色团镇联动发展机制,提升南疆人居环境建设的综合效能。

第二节 基本思路、研究方法、重点难点、基本观点

一、基本思路

本课题拟选取南疆兵团特色民族特色团场(镇)组群为样本做实证研究。笔者运用城乡规划学、产业经济学等理论基

础，以团场（镇）组群的特色产业（资源维度、空间维度和时间维度三个层面）的评估、产业规划、政策扶持、综合技术应用、人才培养为切入点，构建精准保护与发展"三分"理论模式（图1），通过实证研究来探讨南疆兵团民族特色团场（镇）保护与发展的精准模式和示范的有效途径，解决兵团南疆新型城镇化进程中的人居环境和产业支撑等核心问题，实现特色团场（镇）精准保护与发展、推进兵团向南发展的总目标的实现。

二、研究方法

本书强调多学科融合的研究思路，以期突破民族地区史料文献中反映聚落形态图示资料稀缺的局限。立足风景园林学科，借鉴文献学、图像民族志学、民俗学等多学科方法，利用"左图右史"研究范式，构建团场（镇）人居环境时空演变的"历史时空数据"，以团场（镇）为载体，显示兵团人建设人工绿洲、兴建国营农场展示着庭院经济的人居环境的历史空间、红色文化息息相关的日常行为及红色文化现象等所有呈现空间形态与特征。采用跨学科研究理论和综合方法，尝试将城乡规划学科与其他支撑学科相融合，理论研究与实证分析相结合的方法来展开研究。

1. 多维时空数字技术的应用。融合遥感、地理信息技术等，在特色团场（镇）识别、图形化和数据化方面，建立评价理论模型，为乡村振兴规划提供重要依据。

2. 个案实证性研究与对比研究相结合。通过多层次的乡村振兴规划设计，运用现有的乡村振兴理论研究成果，引导当地居民建设宜居宜业的生态家园。

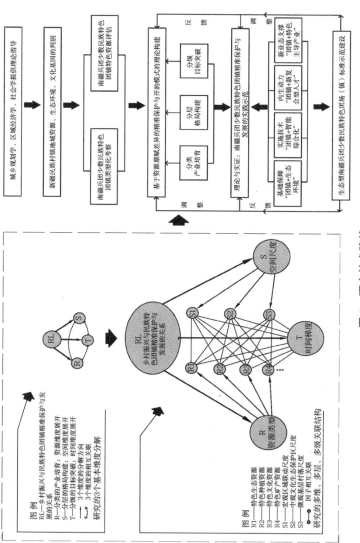

图1 研究技术路线

三、重点难点

1. 乡村振兴战略在团场（镇）具体应用的理论与实践的探索。针对文化资源、区域发展条件的差异化特征，来辨识特色资源，构建生产、生活、生态协同发展的精准保护、开发模式与示范样本。

2. 兵团民族特色团场（镇）地处贫困连片区，经济发展基础薄弱，地缘空间零散，特色产业集群建设需要长期实践性，调试周期较长，因此需要有针对性地进行探索。

四、基本观点

1. 理论方面：通过构建差异化的、系统性的、具有区域特色的村镇簇群产业创新理论，在生产特色、生活富裕、生态持续、文化传承等高度协调的空间融合下，探索文化保护与产村融合的预期模式。构建以特色产业为主导、人居环境为支撑的南疆兵团民族特色团场（镇）保护与发展的精准理论模型。

2. 应用方面：多层尺度嵌套的兴边富民实践与示范。从区域联动、特色村镇簇群、特色村落三个维度出发，通过嵌入"屯垦戍边精神"、营造特色团镇"生命共同体"、培育优势"特色产业"先导、集聚人口并优化结构等方法，来实现以成边兴业为目标的民族村落特色化人居理论和技术方法体系的构建。开拓适宜于南疆兵团民族特色团场（镇）特色产业差异化、梯度式发展、团镇簇群产业联动布局模式及关键技术的示范应用。

第一章

兵团民族特色团场（镇）文化资源价值及其类型

2021 年，中共中央办公厅、国务院办公厅印发的《关于在城乡建设中加强历史文化保护传承的意见》（以下简称《意见》）强调，要"建立分类科学、保护有力、管理有效的城乡历史文化保护传承体系"，提出"到 2025 年，多层级多要素的城乡历史文化保护传承体系初步构建"，"到 2035 年，系统完整的城乡历史文化保护传承体系全面建成"。《意见》为兵团小城镇文化资源保护与发展提供了指导方向。在城乡建设中，历史文化是不可缺失的灵魂。党的十八大以来，习近平总书记多次关心历史文化保护传承工作，并就此做出了一系列战略部署，为我们正确对待历史文化遗产、将其与城乡发展更好地融合指明了方向。兵团团场（镇）作为新疆基层人居环境的载体，具有大量的文化资源，兵团各项事业取得的重大成就，是一代代兵团人实践"热爱祖国、无私奉献、艰苦创业、开拓进取"的兵团精神的结果。这些文化资源以红色文化为底色，蕴含着多民族文化特质，具有时代的先进文化的特质。

新型城镇化建设成效显著。党的十八大以来，兵团党委出台了《关于加快推进兵团城镇化的若干意见》，兵团设市建镇步伐明显加快，先后建成 9 座城市、10 个建制镇，基本形成了以中心城市为主导、一般城市为支点、城镇群为重点、团场（镇）城镇为节点、与地方城镇功能互补、具有兵团特色的城镇体系。这些城镇已成为兵团吸纳人口、聚集产业的重要平台。兵团团场（镇）具有集聚人口、吸纳大量劳动力就业的功能，是屯垦戍边的重要基层单位，因此开展团场（镇）文化资源研究，对于人居环境整体提升和特色产业发展都具有积极的意义。

本研究选取南疆地区典型的"团场（镇）样本"，借鉴地理空间信息研究方法，分析产业资源（农业资源、文化资源）

的空间格局、文化特征、成因机制，系统地总结了这些地区在区域共生发展方面独具地域、民族特色的人居智慧和生存基因，挖掘、阐释"兵团精神"的时代价值，为兵团文化资源保护、兵团人居环境建设与提升提供基础性工作。

第一节　稳定与发展——兵团团场（镇）研究的意义

习近平总书记在党的十九大报告中指出："没有高度的文化自信，没有文化的繁荣昌盛，就没有中华民族伟大复兴。"改善农村人居环境，是以习近平同志为核心的党中央从战略和全局高度做出的重大决策部署，是实施乡村振兴战略的重点任务，事关广大农民根本福祉，事关农民群众健康，事关美丽中国建设。兵团全面融入新疆社会，所属师、团场（镇）及企事业单位分布于新疆维吾尔自治区各地（州）、市、县（市）行政区内，兵团团场（镇）的发展对于新疆社会稳定和发展具有重要的现实意义。自古以来，边疆稳，则国安，边疆乱，则国难安。党中央着眼于国家改革发展稳定的全局，赋予兵团戍边重任，无论是最初的"屯垦戍边"，还是如今的"维稳戍边"，兵团安边固疆的职责始终如一。可以说，兵团存在的根本价值就是其特殊的战略作用。兵团团场（镇）承担着三大任务：一是维护新疆社会稳定，团场（镇）多分布在天山南北的边境线上，承担着戍守边疆的任务；二是促进新疆经济发展，团场（镇）作为行政组织，其辖区内具有广阔的工农业生产基地，是新疆经济发展的重要组成部分，为新疆经济发展贡献着力量；三是先进文化的生产者和传播者，兵团具有235个团场（镇），居住人口多元化，在新疆社会主义建设过程中发挥着先进文化生产与传播的作用。因此开展兵团团场（镇）特色资源的调查与研究，对于实现兵团乡村振兴具有重要意义。

新疆陆地边境线漫长，戍守边防是国家赋予兵团的重要职责。兵团从组建开始，就是一支高度组织化的准军事力量。多年来，兵团坚持亦兵亦民、劳武结合、兵民合一，拥有一支数量足够、素质较高的兵团武警部队和民兵武装力量，一手拿枪，一手拿镐，建立起边境安全联防体系，在维护国家统一和新疆社会稳定、打击暴力恐怖犯罪活动中发挥着特殊作用。

兵团的边境团场（镇）是戍边的重要力量。兵团对边境团场（镇）实行团场（镇）包面、连队包片、民兵包点的生产与守边双承包责任制，实行兵团值班民兵连队、当地驻军、武警、地方民兵四位一体的军民联防机制，共同维护国家边防安全。按照国家的战略部署，兵团不断加强边境团场（镇）建设的力度。从 2000 年起，兵团在边境团场（镇）实施以危旧房改造、饮水、交通、文化、就医、电视广播、环境卫生等为重点的"金边工程"，发挥区位优势，实施沿边对外开放，开展区域对外经贸、文化交流合作，进一步改善了职工群众的生产生活条件，增强了边境团场（镇）的凝聚力、吸引力，提升了边境团场（镇）戍边的综合实力。

在第三次中央新疆工作座谈会上，习近平总书记强调要深入实施"文化润疆"工程。兵团担负有"文化润疆"的任务，也具有"文化润疆"的特殊优势。贯彻落实新时代党的治疆方略，实现新疆社会稳定和长治久安，要求兵团在"文化润疆"中必须充分发挥特殊作用，兵团团场（镇）作为生态保育和人民文化高质量发展的重要载体，也是新疆社会稳定发展的压舱石。

第二节 兵团民族特色团场（镇）的概念界定

一、兵团团场（镇）概述

新疆生产建设兵团（以下简称"兵团"）是新疆的重要组成部分，肩负着国家赋予的屯垦戍边使命。兵团团场（镇）遍布新疆各地。新疆地形的特点是"三山夹两盆"。天山把新疆分成南北两大部分，天山以南称为南疆，天山以北称为北疆，天山东段的哈密、吐鲁番地区称为东疆。兵团的第一师、第二师、第三师所属大部所在的塔里木河流域，便处于我国的最大沙漠——塔克拉玛干沙漠，该区域内大部分城镇的生态环境相对脆弱，经济发展相对较慢。这里 85% 是新月形流动沙丘，风沙肆虐，荒凉无比，且塔里木河常年改道，汛期不稳，水势凶猛，然而正是这样恶劣的条件造就了兵团人不畏艰苦、勇于开拓进取的创新精神。团场（镇）是维稳戍边与促进民族团结的主力军，而新疆自古就担负着维护边疆稳定、国土完整、民族融合的历史重任。正是这些造就了以屯垦戍边文化为内容的、爱国主义为核心的兵团红色文化特质。

在中央和自治区的统一领导和规划下，兵团已逐步形成了重点城市、小城镇、连队三级城乡体系。目前兵团共有 235 个团场（镇）和"团（场）镇合一"的建制镇，由兵团实行统一分级管理。"团（场）和镇"党政机构的设置，均实行"一个机构、两块牌子"的原则。兵团城镇已经逐步发展为区域的经济和文化中心，成为人口、资金、产业、人才、文化、教育、医疗卫生等资源的集聚之地，推进了新疆新时期城镇化的进程。

为了大力推进南疆城镇化建设，团场（镇）作为人口会聚的大容器，兵团以人口分布、土地利用空间为重点，统筹产业布局和城镇布局，按照"师市合一、团镇合一"的原则和师建城市、团场（镇）建镇的思路，大力推进城镇化进程。截至目前，兵团已建成阿拉尔市、铁门关市、图木舒克市、双河市、五家渠市、石河子市、北屯市等9个县级市和金银川镇、草湖镇、梧桐镇、蔡家湖镇、北泉镇等10个建制镇，初步形成以城市、垦区中心城镇、一般团场（镇）城镇、中心连队居住区为发展架构的，与新疆城镇职能互补的，具有兵团特色的城镇体系（图1-1）。

二、民族特色团场（镇）概述

民族聚居团场（镇）占兵团总数14.5%，占兵团团场（镇）总数20%以上，其中80%以上的民族聚居团场（镇）经济发展相对缓慢，而这些团场（镇）多属于新疆维护稳定的南疆第一师、第二师、第三师和第十四师。南疆民族团场（镇）是新疆各族人民民族团结、区域经济社会发展的重要力量。

民族团场（镇）从人口结构上来看，民族人口占比较高。镶嵌在天山以南的地方城镇之中：文化上地方民族特色鲜明，其兵团文化特色主要表现在区域地貌特征、文化资源、产业特色等方面。

第三节　特色团场（镇）文化资源类型与内涵
　　　　　特征

新疆兵团人，共有47个民族，来自五湖四海，形成了新疆兵团独特而多元的文化。中西多种文化在丝绸之路上震荡、碰撞、辐射、扩散，形成了具有民族性、地域性、多元性、复杂性、开放性、断续性的"丝路文化"。新疆生产建设兵团以屯垦戍边为己任，以开发为手段，其文化辐射着耀眼的"开发之光"，显示着"广源兼容、多元并蓄、五彩缤纷"的特征，尽显"屯垦味道"。兵团文化具有以下几方面特殊的类型与特征。

一、文化资源类型

（一）自然资源

特色团场（镇）主要分布在天山南北地区，具有类型丰富的自然资源，在地貌景观上表现出独特的视觉艺术特征，雪山、戈壁、绿洲、湖泊、河流等构成了特色团场（镇）的人居环境的基底。

（二）人文资源

南疆民族特色团场（镇）有别于其他地方城镇之处，主要体现在文化资源类型上。团场（镇）的文化核心是兵团文化，兵团文化具有很强的包容性和多元性，同时具有以马克思主义为指导思想的先进性。它是以革命历史遗迹、工农业生产设施、兵团歌曲、兵团故事为载体的一种文化形态。兵团文化资源是中国优秀文化的重要组成部分，兵团精神是中国共产党人精神谱系中的重要内容。兵团精神是兵团文化资源发挥新时代价值、永葆创造力的底色。兵团文化资源的形成源自兵团在新中国成立与社会主义建设过程中军垦战士屯垦戍边的生产劳动和生活实践。兵团文化深刻地反映了屯垦戍边的生产生活及绚丽多彩的人文风情，是传承和弘扬兵团精神的重要载体和形式。

南疆特色团场（镇）主要分布在古代丝绸之路南道和北道上，呈串珠状、聚集型、梳状分布，如塔克拉玛干沙漠南缘，昆仑山北麓的绿洲型传统聚落呈串珠状、梳状分布，喀什地区的绿洲历史文化村镇以聚集型为主，而文化上呈现出民族艺术性，有民族音乐、舞蹈、生产与生活的手工技艺，如麦盖提镇的刀郎歌舞村、十二木卡姆艺术村、英吉沙当地小刀工艺村。传统聚落建筑的地域特色突出，如"阿以旺"民居等。

北疆团场（镇）地区整体资源较好，文化资源比较丰富，如兵团屯垦文化、伊犁地区丝路文化、游牧文化等，国家级绿洲历史文化村镇数量多，空间分布特点是局部集中，如昌吉木垒县的英达乡、伊犁地区、阿尔泰地区的布尔津县，生产方式以世居农牧交错为主，民族文化特色浓厚。

笔者将人文资源分为四大类：一是物质实证性文化资源，二是行为传承的文化资源，三是文本资源，四是文字或影像型文化资源（表1-1）。兵团物质实证性文化资源包括古代文化遗址遗迹、人居建筑、生产与生活设施，及遗址、军事防御构筑物等，如兵团生产与生活中形成的建筑、集体化绿洲农业景观。

兵团大力推进农业现代化建设。特色农业是兵团的基础产业和优势产业，也是重要的农业文化景观资源。"行为传承性文化资源"是存在于当下现实中活性的、动态的、"现在进行时"的那些可用于文化产业的资源，包括日常生活生产行为与理念、节庆民俗、民间手工技艺艺术、口头展演等非物质资源类型等，如新疆非物质文化遗产项目土法制碱、土陶制作技艺、剪纸艺术，团歌等，兵团精神、胡杨精神、节庆习俗、民间文艺（兵团故事、兵团谚语、兵团团歌）等文化类型，都是兵团重要的文化资源，如兵团团场（镇）团歌是团场（镇）文化建设的重要表现形式之一，也是兵团独具特色的文化风景。

一首《小白杨》传唱着军垦人无私奉献、忠于祖国的伟大精神。《小白杨》，这首传唱了30余年歌曲的创作灵感即源于今天九师辖区内巴尔鲁克山下一个边防哨所里边防战士的故事。歌曲歌颂的是边防战士，却引起了兵团人的深深共鸣，因为对于兵团人尤其是边境团场（镇）职工群众来说，"半个百姓半个兵"的身份，一边放牧生产、一边守边巡逻的生活，正是歌曲《小白杨》的真实写照。"一生只做一件事，我为祖国当卫士"的马军武夫妇、魏德友老人等，正是无数兵团人的杰出代表。

文字或影像型文化资源是指记录与反映历史发展、重要历史事件等文字或影像材料，记录和反映了兵团艰苦奋斗与开拓进取的历史进程和辉煌成就。如各师市及团镇展览馆收集的老照片和文件等既有历史价值，同时也具有社会价值和艺术价值。

表1-1　兵团红色资源类型 [①]

主类	二级类目		主要单位
物质实证性文化资源	遗址遗迹	历史事件发生地	一师阿拉尔市五团玉尔滚军垦旧址；原农六师司令部办公楼；原中国人民解放军二十二兵团机关办公楼旧址；小李庄军垦旧址
		废城与聚落遗迹	十六团一营营部旧址；一〇二团十七连连部旧址、原四营营部旧址；芳草湖张家村屯庄遗址；红星二场军垦地窝子遗址
	建筑与设施	教学科研实验场所	塔里木大学旧建筑群、石河子大学农科院农科楼
		建设工程与生产地	一师阿拉尔市塔河种业公司精细化工厂厂址；第八师石河子市粮油加工厂仓库建筑群、八一制糖厂建筑群
		展示演示场馆	一师阿拉尔市三五九旅屯垦陈列馆、六师五家渠市军垦博物馆、八师石河子市兵团军垦博物馆、十师北屯市屯垦戍边史馆、十三师红星军垦博物馆、沙海老兵纪念馆
		碑碣	三五九旅屯垦纪念碑、十八团渠纪念碑、屯垦戍边纪念碑、周恩来总理纪念碑、西北之北纪念碑、中国人民解放军进军和田纪念碑

① 杨梅华，胡建松．文化润疆中发挥兵团红色资源作用的思考[J]．和田师范专科学校学报（汉文综合版），2021，40（03）：1-6.

主类	二级类目		主要单位
物质实证性文化资源	建筑与设施	名人故居与历史纪念建筑	陶峙岳、张仲瀚办公居住旧址
		陵区陵园	四师六十四团宋乱气烈士陵园、六师新湖二场三连辛建西烈士之墓、一〇三团二连周春山烈士之墓、九师一六一团孙龙珍军垦烈士陵园、十四师四十七团老战士陵园
行为传承的文化资源	节庆民俗	展现精神生活	"民间社火"、连队农闲大练兵、"棉花节"、"枸杞节"、"塔里木之春"、"绿洲之夏"
	民间手工技艺	生产与生存智慧	土法制碱、土陶制作技艺、剪纸艺术
	口头展演	生活与生存中延续着精神娱乐的行为	迷糊戏、河南豫剧、维吾尔族的麦西来甫
文本资源	人文历史	历史人物	王震、陶峙岳、张仲瀚、冰峰五姑娘、塔河五姑娘、刘守仁、曹连莆、金茂芳、孙龙珍、李梦桃、魏德友、马军武、四十七团老战士
文字或影像型文化资源	活动	文学艺术作品	歌曲：《新疆好》《送你一束沙枣花》《边疆处处赛江南》《戈壁滩上建花园》《草原之夜》《毛主席的战士最听党的话》 诗歌：《凯歌进新疆》《老兵歌》《年轻的城》《绿色的星》（新边塞诗，秉承汉唐边塞诗风骨） 电影电视：《军垦战歌》《生命的火花》《沙漠里的战斗》《绿色的原野》《最后的荒原》《热血兵团》《戈壁母亲》《花儿与远方》《沙海老兵》 大量民谣和口述故事

二、内涵特征

（一）文化资源的多元性

兵团是新疆的重要组成部分，多处新疆多民族会聚区，新疆地方文化和兵团文化深刻地交融在一起。地貌空间的广阔性、民族类型的多元性、人口结构的复杂性等因素，促成了文化资源类型的多元性。

（二）红色为基底的传承性

兵团文化由革命文化、中华优秀传统文化和时代先进文化共同构成，具有红色精神内涵。"生在井冈山，长在南泥湾，转战数万屯垦山"，这句歌词深刻地反映了兵团文化脱胎于井冈山精神、延安精神、南泥湾精神等优秀革命传统，是具有红色基因类型的文化。兵团文化反映了中国共产党领导下的社会主义建设与发展中的伟大成果。其成果阐释了以"热爱祖国、无私奉献、艰苦奋斗、开拓创新"的兵团精神为核心的文化内涵。兵团文化资源具有多元价值内涵："热爱祖国"的核心理念、"无私奉献"的价值取向、"艰苦创业"的实践特质、"开拓进取"的时代精神。

（三）兵地融合的共享性

兵团小城镇嵌入式地建设在新疆的土地上，团场（镇）与地方城镇相邻而设，在历史发展过程中，兵团建设的水库、水渠、道路等基础设施与地方共享，为达到区域均衡发展、提升本地区的知名度的目标，文化资源保护与发展需要共建共享，如七十二团和巩留县共享库尔德宁风景区旅游资源，七十二团和肖尔布拉克小镇共享酒文化博物馆资源等。这些现象表明，协调团场（镇）与地方的发展关系是团场（镇）旅游开发的首要前提，也是团场（镇）旅游发展的主要特点。环博斯腾湖大旅游景区的成功构建，促进了区域经济的发展，是兵团第二十七团和焉耆县、博湖县及和硕县兵地旅游资源共享的例证。

（四）文化资源的包容性

新疆是多民族地区，民族团结是国家统一和新疆社会稳定的根本问题。兵团高度融入到新疆社会之内，长期与地方各民族毗邻而居、和睦相处、守望相助，构成各民族相互交往交流、交融的"嵌入式"社会发展模式，做到了边疆同守、资源共享、优势互补、共同繁荣。60年来，兵团以坚持为新疆各族人民服务的宗旨，积极支援地方建设，为各族群众办好事、办实事。

兵团立足新疆的资源及地缘优势（兵团文化资源的多元性、包容性和先进性）：兵团位于中亚腹地，这里自古便是中西交汇之所，古丝绸之路必经之地，战略地位十分重要。既是中国面向中亚、欧洲的窗口，又是欧洲深入中国的要冲；同时，也是中国各民族聚居密集的地区，思想活跃度高，文化差异性大。"面向世界"就是兵团红色文化开放性、包容性的体现。开放性、包容性是先进文化发展的内在要求，只有开放包容、兼收并蓄世界各文明的优秀成果，才能促进自身的繁荣发展。在新时代，兵团文化发挥着感召力、凝聚力、宣传推动及社会美育等功能。

"面向未来"体现在兵团文化的理想性上，它是中国特色社会主义文化，以实现中华民族伟大复兴的中国梦、实现共产主义为理想；它站在新时代中国屯垦戍边的前沿，为我国边疆地区的稳定发展提供着强大的理论和精神支撑。

第二章 南疆兵团民族特色团（镇）文化资源评价

本章选取南疆地区具有代表性的兵团民族特色团场（镇）展开研究，从区位特征、地域资源类型（自然资源、文化资源）对民族特色团场（镇）的影响广度、深度方面入手，通过前期的资料收集和现场调研的定量分析，试图梳理城乡一体化进程中民族特色团场（镇）的分布格局及其类型。兵团团场（镇）是兵团地域资源与古丝路文化的时空层叠、多民族聚居文化的集体记忆的场所。通过挖掘特色团场（镇）特色文化资源，可以推动南疆地区民族聚居区的乡村文化旅游产业，实现乡村振兴。

南疆地区区域整体生态环境相对脆弱，民族团结、社会稳定、经济发展、文化资源保护开发四大任务突出。地域辽阔、地形地貌类型丰富、多元文化交融、多民族聚居融合，造就了具有地域特色和多元文化特征的团场（镇），融合了古丝绸之路文化和近现代社会主义建设与发展的先进文化。南疆特色团场（镇）是"相对贫乏的物质资源条件下发挥中国共产党领导的特色社会主义建设与发展过程中形成的人居环境提升、文化特色鲜明、区域示范性强"的人居之所的突出样本。在当下，历史文化村落的保护与发展过程中，资源过度开发与生态环境保护、现代生活需求满足与优秀传统文化传承等存在突出矛盾。因此，基于上述任务与需求，南疆团场（镇）研究的必要性和紧迫性日益凸显。

第一节　南疆兵团民族特色资源空间格局与特征

一、数据获取及评价标准

笔者团队借助反映兵团小城镇发展的历史地图、遥感数据以及历史文本材料，笔者采用文献研究与田野调查相结合的研究方法。对团场（镇）文化景观构成要素的判别是整体工作的一个重要环节，由基础资料研究、场地田野调查记事、类型划分三个部分组成。首先要搭建信息平台，在前期工作中，对与研究区域相关的文献（古代与现代文献）、地图（历史舆图与现代地图）、航拍卫星图片及照片、空间进行搜集，拟定出初步的自然、文化资源清单，以指导下一步场地田野调查顺利开展。其工作主要体现在以下四个方面：① 文献梳理；② 地图整合；③ 历史地理和自然地理信息的梳理与引导；④ 基于现代空间信息技术的工作平台建立。

1.数据来源与研究方法：兵团数字化文化资源的获取，以星球地图出版社 2020 年版《新疆维吾尔自治区地图册（1：200000）》为工作底图，采用 ArcGIS 10.2 版本的地理信息数据处理平台，将地图进行数字化处理，利用地形地貌图、水资源分布图、植被状况图、各类文化遗产分布图等，侧重分析兵团行政辖区内的文化资源的空间格局、特征与地域资源的因果关系。

2.相关文献的检索与整理。《兵团城市志》《兵团文化志》《团镇史志》的资料，是通过查找新疆生产建设兵团及其所辖市、县的旅游局官方网站公布的文化资源情况、相关地方县志及其他相关书籍来收集整理的，同时将公开出版的正式资料及标注或旅游局官方网站公布的景区点纳入数据采集范围，其中以《2020 年中国旅游统计年鉴》等作为参考。

3.研究样本的选取标准及结果。样本定性评价包括现场分区的田野调查方法（居民深度访谈、问卷调查）、专家定性评价反馈；样本定量与定性相结合的评估标准除了国家、新疆维吾尔自治区等相关部门公布的红色文化旅游基地、美丽人居环境示范点数据外，评价内容在历史价值、文化价值、社会价值、艺术价值的普遍价值等方面，对兵团南疆团场（镇）进行定性和定量评估。

二、南疆民族团镇文化资源空间格局与特征

本研究选取南疆地区具有典型代表性的团场（镇）做比较研究，选取对象以《旅游资源分类、调查与评价》（GB/T18972—2003）为依据，从类比对象的区域位置、资源禀赋、生产方式、红色文化、文化景观遗产特色、人居环境类型等方面展开论述。从文化资源类型上来看，三大类文化资源在空间格局上的分布是不均衡的，如第一师阿拉尔市辖区内文化资源主要以红色文化资源为主，古代历史文化遗迹仅有3项。近现代文化资源主要包括重要的历史遗迹和典型的建筑文化景观，其中文教建筑与办公场所、生产性厂房、粮仓、水利设施等，保留比较完好，类型比较丰富。这些历史文化资源反映了该城市在人居环境建设、文化经济等领域取得的翻天巨变。在第三师图木舒克辖区的文化资源中，古代历史文化遗迹数量多，主要有古代人工环境、生产遗迹、古代墓葬等类型，它的近现代重要文化资源主要分布在五十团、五十二团、四十九团，原因是这些团的建设起步早，红色文化资源积淀深厚，同时地处多民族聚集区，民族文化资源也比较典型。该区域有特色民居、绿洲核桃种植系统、土法制陶、模戳印花布等具有兵团特色的文化资源，红色文化资源占比较高，物质与非物质文化类型多样，其中五十团、四十九团、四十四团的机关旧址、农机站车间、值班连旧址等近现代物质文化资源较丰富。该区建设的时

代特征强，资源代表性突出，不仅能够反映出兵地融合、民族团结、文化认同等方面的巨大成果，同时也可以为该区主打兵地融合、协同发展的团场（镇）文化品牌提供有效的支撑。因此把该地区作为本研究讨论的重点。南疆兵团红色文化、丝路文化、绿洲农耕文化等资源数量和空间格局差异化鲜明，兵团红色资源的分布较为广泛，构成了南疆团场（镇）的整体地域文化基调，这与兵团小城镇建设与维稳戍边事业在天山南北同时开展、遍地开花密不可分。

从地域分布特征上来看，嵌入式格局明显，尤其是因为红色文化资源、人文活动具有共享性，地域分布的特征不会影响其开发利用。首先，与兵团师团分布相同，兵团红色资源亦呈嵌入式格局，而遗址遗迹和设施建筑却具有不可移动性。它们在各师之间的分布决定着各师可以开发利用的红色资源的类型和数量。其次，进一步的研究发现，兵团红色资源又呈现出相对集中的趋势，以兵团文物保护单位中的红色旧址为例（图2-1），北疆第八师石河子市数量最多，南疆第一师阿拉尔市居多。第十师在 2019 年开始启动市级文物保护，其中就有著名的龙珠山地道、桑德克中哈界河守土纪念遗址、沈桂寿升国旗旧址等。兵团红色资源呈区域性相对集中分布，其中又分别以第一师阿拉尔市、第三师图木舒克市居多。南疆文化资源整体空间分布特征为低密度、高离散，局部集中；其他师市空间格局分散；部分区域呈串珠状、组团状分布，镶嵌在塔里木盆地南北边缘的多呈现串珠状分布，局部地区表现为组团状分布，如第二师铁门关市。

在特色民族文化上，由于兵团团场（镇）区域上与地方毗邻交错，人口上为多元结构，因此文化上表现出鲜明的地域特征，如民族聚居的团场（镇）民族音乐、舞蹈；与生产与生活相关的手工技艺，如毗邻麦盖提县镇团场（镇）的刀郎歌舞、十二木卡姆艺术、达瓦孜竞技项目；连队建筑的地域特色突出，如大院落、小主体建筑、宜居宜产的庭院格局等，都表现出南疆以世居绿洲农业、部分农牧交错为主的生产方式和生活审美情趣，民族文化特性浓厚。通过对基础资料的整理（表2-1），发现各团场（镇）尽管在红色文化资源方面具有共性，但在区域资源禀赋方面均有着自身特色，为特色文化资源的保护与开发提供了丰富样本和多元化实践路径。

第二节 地域资源约束下南疆团场（镇）类型

新疆地貌呈"三山夹两盆"的整体格局，其中"山地—绿洲—荒漠"三大地貌特征决定了可能存在的居民生产方式、生活行为活动的物质基础；地处欧亚中心，历史上丝绸之路上开放的政治、文化、商业交流等为其提供了文化基底，特殊的地貌环境和独特的文化资源构成了绿洲传统聚落系统。绿洲"配置资源"和多元"权威性资源"禀赋的优劣程度决定了兵团小城镇的特征，根据兵团小城镇形成的约束要素提出了六大类的特色类型。

团场（镇）布局和建设遵循三点原则：一是服务新疆总目标，维护社会稳定与安全；二是发挥兵团团场（镇）经济、文化、生态的示范引领作用；三是资源上不与地方争利。因此部分团场（镇）分布在边境线上，区域资源禀赋差。团场（镇）以农业、自然资源和农业种植而形成的景观风貌为主；镶嵌在建设历史长，资源优势相对较好，文化类型多元化，地方上经济条件较好的团场（镇），主要以特色农业和红色文化资源为主，景观风貌特色鲜明。南疆团场（镇）共有的景观特征是文化基底和空间格局的共享性。兵团的大多数团场（镇）处于沙漠边缘或边境线上，是抵御风沙袭击、保护新疆绿洲的第一道

表2-1 南疆典型民族团镇文化特征比较

区域特色资源类型	代表团镇	区域位置	区域资源禀赋	生产方式	文化景观意义	聚落类型（地缘与特色）
红色文化资源型	沙河镇	第一师第五团	城镇园林绿化水平位居南疆团场（镇）前列，旅游资源禀赋好	农业为主，天山玉苹果特色小镇	是驰名中外的三五九旅南泥湾精神的传承地民族文化与军垦文化相交融	天山中段托木尔峰南麓，塔里木盆地北缘型
	四十四团	第三师四十四团	气候干热型，资源禀赋差	农耕为主，商贸为辅	丝绸之路文化与屯垦文化结合的商贸重镇	山前冲积平原绿洲型民族特色型
民族化特色型	墨玉县喀尔赛乡	第十四师四十七团	干旱荒漠，自然环境恶劣，资源禀赋差	农业为主	红色文化资源突出的农业重镇	塔里木盆地西南部沙漠戈壁环境
	英吉沙镇	第三师东风农场	民族文化，资源禀赋较好	农牧结合，民族特色手工艺品	丝绸之路文化与屯垦文化结合的商贸重镇，"达瓦孜"传统杂技艺术民族音乐歌舞型南疆村落	平原与沙漠的塔里木盆地边缘（南缘）型民族特色型
自然地貌风貌型	策勒县努尔乡	第十四师一牧场	高寒草原、山地温性草原、山地温性荒漠化草原等多种草原形态	畜牧业为主	草原资源丰富是兵团最偏远的一个山区资源团团场（镇）和民族聚居团场（镇）	位于和田策勒县境内，南接昆仑山、北连塔克拉玛干大沙漠草原风景资源型

32

区域特色 资源类型	代表团镇	区域位置	区域资源禀赋	生产方式	文化景观意义	聚落类型（地缘与特色）
特色农业 资源型	阿瓦提县	第一师 阿克苏 地区	是地区重要的粮食、棉 花和水果基地	农业为主	中国长绒棉之乡、中国慕萨 莱思之乡和多浪文化之乡	阿瓦提县由冲积扇、冲积 平原和沙漠三大地貌类型 组成
	麦盖提县	第三师 四十五团	长绒棉优质产区	农业为主	自然风光与民族文化融合的 旅游资源地	绿洲平原，地势平坦，沙 漠边缘
工业文化 资源型	图木舒克 市	第三师 四十九团	工农业协同发展，资源 禀赋好	工业为主	工业旧址遗产	塔克拉玛干沙漠西缘的巴 楚县和图木舒克市之间的 马扎山脚下
普通农业 种植型	库尔勒市 双丰镇	第二师 三十团	农、工、建、商、科、 教、文、卫全面发展的 现代化国营农场	农业为主	戈壁滩上崛起军垦新镇	沙漠边缘，坡冲积扇和塔 里木平原地带

屏障，生态保护成果卓著。多年来，几代兵团人坚持不懈地与风沙斗争，开渠引水、植树造林、防风固沙、排盐治碱、节水灌溉，逐步建立起环绕塔克拉玛干和古尔班通古特两大沙漠的绿色生态带，形成乔木、灌木、草场相结合的综合防护林体系，在茫茫戈壁荒漠上建起了绿洲生态经济网，创造了"人进沙退"的奇迹。

南疆兵团特色团场（镇）的空间格局特征为：人工绿洲是团场（镇）的依托，团场（镇）与人工绿洲呈现着"共轭分布"特征，在空间分布上二者具有一致性和均质性。对团场（镇）所属区域绿洲群进行分析，其空间布局以八个集中区为中心单向扩散，环状延伸至相对集中区和过渡扩散区。

第三节　特色团场（镇）文化资源评价体系建构

基于多层次分析法（又称 AHP 分析法），将新疆历史村落文化景观在当前保护与发展中需要解决的两大实际问题作为总体评估目标，通过对评估目标关联因素的分析与筛选，建构关于绿洲历史文化村落特色景观识别和价值评价的两大评估模型，并以五十一团作为典型案例进行保护评估实证研究。

一、典型文化资源的价值评价阐述

文化资源属于文化遗产类型，最突出的特点是强调文化与自然的互动关系、人与自然互动的影响、可持续的土地利用。通过一种建筑、建筑群、技术整体或景观的杰出范例，展现其历史上的重要发展阶段。本研究从文化兴边、产业富边、和谐稳边来具体分解为如下指标评价：① 域内兵团人创造性解决人居环境的杰作；②体现区域内政策、商贸、文化、技术的中外交流；③展示人文自然环境的相互交融；④承载兵团重要历史人物、重大事件的价值评价指标。因此，依据上述的价值阐释可以把评价层级分类为：一级指标：完整性、原真性、可识别性、延续性。二级评价指标：文化景观的遗产价值在物质层面，主要反映在聚落环境、装饰艺术、生态环境等方面；在非物质层面，主要反映在国家战略、文化交融、商贸交流等历史文献、建筑技术、社会记忆等方面。设定指标的目标是厘清研究案例的文化特色、价值预期等。

（一）典型文化资源的景观风貌评价的实施思路

首先建立南疆民族团场（镇）典型文化资源景观风貌元素的评价标准，以连队文化资源为考察重点，在田野调查和资料收集的基础上建立数据库；对景观要素采用信息处理技术，调取信息并进行系统评价，对南疆民族团场（镇）自然景观风貌、农牧业生产景观风貌、居住景观风貌，以及人文景观风貌等方面的结果进行分析，识别各类型中占主导地位的风貌要素，发掘在南疆民族团场（镇）特色产业发展、连队文明风尚和谐稳定、乡村振兴文化资源中存在的问题，为南疆民族团场（镇）建设、景观风貌规划及其他相关设计与研究提供指标性参考依据。

评价标准的阐述

特色价值是南疆民族团场（镇）文化资源内涵的重要体现，保存状况是衡量其完整度、延续性的基础条件，而文化资源的保护与管理是决定文化资源存量和发展的基本保障。因此，南疆民族团场（镇）文化资源的评价标准因子，首层衡量标准应为特色价值评价、现状保存程度评价、保护与开发管理评价（二级因子：保护的级别、辐射的面积、保护的力度、制度的完善程度、活用的潜力）。地域资源在文化资源（景观）特色价值形成过程中，每个阶段有着不同的地位，可以概括为雏形期、发展期、成熟期、衰退期、稳定期。在人工绿洲的地域资源相对均衡的条件下，人们对绿洲的塑造没有打破绿洲自身所承载的极限，那么人们在此过程中就可以创造出无限的可能。文化资源地受到地理资源环境的宏观影响，同时还受到微观因素的影响。如外界力量的介入，融合当地人自身的生存智慧，景观形式呈现多元化；如兵团人在南疆亘古荒原上，白手起家，发挥军垦人的艰苦奋斗、无私奉献、开拓进取的精神，在石河子市、阿拉尔市、图木舒克市等地区，生态条件极其不利于人类的活动与发展，恰恰在这种条件下，兵团人创造了先进的现代化工农业、绿意盎然的人居环境，从人工水库建设、工农业集约水资源利用、特色农业种植等方面就足以佐证。同一地理资源或相似地理条件下，不同历史时期开创性地创造了兵团人居环境和工农业文化景观，是呈现百花齐放形式的典型。

二、文化资源的景观风貌评价的数据与分析

数据库辅助的景观风貌评价具有信息处理量大、评价结果直观、实用性强等优势。此外，景观风貌数据库的建设对促进兵团及新疆地方干旱区和半干旱区绿洲聚落景观风貌建设与管理的系统化、信息化、绿色化发展具有重要的意义。

通过对南疆民族团场（镇）文化资源的景观风貌要素特征的识别，以特定的数据结构和组织形式建立的数据库作为景观风貌评价的基础，对风貌现状信息进行翔实的分类与数据化处理，并实现数据查询、分析及数据库结构与内容的检查等主要内容。对景观风貌信息逐一设定评价准则，在景观风貌信息录入后，自动生成统计与评价结果，完成对目标特色景观风貌的量化评价。

案例实证研究。南疆民族团场（镇）文化资源有其自身的特

殊性，不能用一般的价值特征来判别其特色。首先从形成机制特征上来讲，兵团文化资源以红色文化资源为主导，反映了近现代兵团人在国家区域安全、人居环境建设、现代化工农业发展、生态保育等方面的巨大成就，经历近 70 年，创造了举世瞩目的成就，凸显了兵团文化资源的特殊性，因此在评价指标设置上要突出其时代性和开创性。评价实证研究遵循预设的特色景观价值标准（历史性、科学性、艺术性）和评价方法、程序。

第四节 文化资源评价体系的实证研究——以五十一团为例

　　南疆民族团场（镇）的景观构成要素或者主要存在形式可以归为三个基本类型，在此选取第三师五十一团作为研究个案。该团拥有土地规划总面积 211.67 万亩，可垦面积 50 万亩，耕地面积 17.85 万亩，农业连队 15 个（其中 13 个为集体所有制连队）。自 1969 年 10 月正式建团，现有总人口 5.15 万人，其中民族人口占总人口的 94.95%，是第三师最大的民族团场（镇），也是一个具有独特民族风情的团场（镇）。全团生产以农业为主，主产棉花、小麦、玉米，兼营畜牧业。团场（镇）的光热资源丰富，以出产优质长绒棉而闻名。根据上述研究的文化资源具体类型，采用了复合式的因子划分方法进行判别，以三个主要因子进行评价，通过重点因子的强弱判别，可以分析出该聚落景观风貌及特色类型的定位（表 2-2），具体为：自然景观因子、连队风貌因子、非物质文化因子等。二级评价类型分解为以下几方面的物质文化景观，具体包括：
① 历史古迹、连队建设、红色建筑、古代遗址、自然地景等；
② 非物质文化景观：传统艺术、民俗及有关集体记忆的技艺

等；③复合文化景观。

表2-2　文化资源的景观构成的特色因子评价

主评价因子	评价权重值	二级评价类型	评价变量
自然景观因子	1	团场（镇）生态资源状况	0.130
		人居环境规划整治有效度	0.146
		自然生态环境可持续性	0.101
		各连队整体开发程度	0.128
		连队空间格局形态	0.113
		生产及生活方式与自然契合度	0.246
		生产与场地的完整度	0.145
连队风貌因子	1	连队文化资源保护情况	0.106
		历史建筑数量与完整度	0.100
		近现代建筑遗产种类	0.108
		宜居街巷空间特色呈现	0.101
		历史建筑与美丽连队建设协调	0.107
		典型的文化空间规模	0.101
		红色文化景观遗存	0.174
		历史文化遗产开发程度	0.103
		文化旅游发展现状	0.100
非物质文化因子	1	传统生产与生活方式的延续	0.121
		民族的风土人情	0.217
		传统节庆日的保存与创新	0.178
		典型非物质文化完整度	0.199
		重大历史事件关联度	0.158
		重要人物关联度	0.127

通过对南疆民族团场（镇）特色文化资源三大特色构成因子的分析，可以看出，以国营大型农业生产和生活背景下形成的文化景观形式为主，突出的景观类型具有红色文化景观和绿洲农业景观的双重特征，在农业生产建设和物质生活过程中产生了非物质文化景观。该类团镇保留了相对完整的红色文化景

观与特色农业文化景观类型。同时，沟通天山南北的交通遗迹、整齐划一地镶嵌在绿洲中的团镇多元化的非物质文化等文化景观要素有机地结合在一起。该团镇所具有的独特的地貌条件，如高山、戈壁、绿洲、纵横曲直的水系网络等自然景观要素，也是区别于其他地区的主体要素。

一、评价实施的选取

五十一团，作为南疆边境团，其本身具有典型的红色文化景观属性，文化景观价值的评价也是对该团景观特色及类型识别的重要途径之一。本研究从根据该区域内所具有的文化景观主类型——南疆民族团场（镇）景观作为一级评估的认定，整体设置多层级评估指标：A 目标层，B 指标层，C 评价因子层。专家通过设置的指标细则，进行定性评价，为 C 级评价因子赋值，并且反馈因子的设置是否合理、科学。再根据赋值显示和反馈意见，综合评定该团的景观特色或者类型、价值等既定设计目标。表 2-3 为其中一位专家所做的测评附表。

表 2-3　专家测评附表：特色价值评价摘录

评估类型	价值评估指标			专家赋值权重	一级特色阐释
五十一团特色文化景观（物质文化景观、非物质文化景观）	A 目标层	B 指标层	历史价值	100	古丝绸之路沿线重要驿站，存有唐代古驿，现有唐驿镇
			科技价值	100	团镇、连队规划科学和战略性强
			艺术价值	100	院落和建筑、红色文化资源类型多元
		C 评价因子层		二级分值	二级特色阐释

南疆兵团民族特色团场（镇）文化资源保护与发展研究

评估类型	价值评估指标			专家赋值权重	一级特色阐释
五十一团特色文化景观（物质文化景观、非物质文化景观）	评估景观类型 1.历史建筑文化景观 2.军垦及生产工程景观 3.红色文化景观 4.民族优秀文化习俗、日常生产性文化景观	B1历史价值	因丝绸之路形成的团镇年代久远度	89	保留有古代丝绸之路的历史印记，遗产丰富
			体现沿线生产生活方式/思想/观念	90	绿洲农业生产与现代国营农场并存
			在丝路遗产中的同类聚落遗产的稀缺性	90	南疆地区保存比较完整的中唐王城、古代制陶遗址
			近现代历史遗迹数量及等级	90	古遗址29处、古墓葬21处、红色文化遗存34处
			重要职能特色——历史上以重大工程、事件、人物等产生过重大影响	85	乌孙古道的必经之路，沟通天山南北的重要孔道
		B2科技价值	规划格局——与国家安全、经济发展关联的团镇选址/布局等技术	95	侧重国家安全和民族团结的事业需求而布局，选址科学性高
			生产性建筑及设施的科学性/适应性	92	院落功能布局满足集体生产和生活的需要，生产空间面积较大
			水资源利用的科学性——生态、经济性	87	整体临水、沿水多元布局，生活习俗中蕴含深厚的水文化智慧
			整体空间格局和空间形态等方面特色与价值	89	水系网络系统决定了聚落整体的空间形态，建筑群组团不同高程布局

评估 类型	价值评估指标		专家赋 值权重	一级特色阐释
五十一 团特色 文化景 观（物 质文化 景观、 非物 质文化 景观）	评估景观 类型 1.历史建 筑文化景 观 2.军垦及 生产工程 景观 3.红色文 化景观 4.民族优 秀文化习 俗、日常 生产性文 化景观	B3艺 术价 值	团场（镇）的整体 格局和空间组合等 特色与价值	90	整体格局背靠天 山，面河设置连 队。人居生态美 学典型
			院落、建筑、装饰 艺术特色	90	建筑用材突出本 土特色，装饰艺 术具有典型的民 族和兵团文化融 合的特色
			文化景观整体、连 续的艺术价值突出 性	89	景观风貌完整、 自然与人工景观 结合巧妙，人地 关系和谐

二、针对基于多层级分析法的民族团场（镇）文化景观评估

　　基于五十一团典型文化资源的景观空间分类，依据多职业身份评判主体的判读来建立特色景观指标数据库和进行聚类分析，获取特色景观类型数据特征。在此基础上，构建传统景观特色性指数。本研究在重点类型景观的传统性指数评价的基础上，通过指数加权，获得区域整体景观的传统性指数。本研究针对 B 层级指标进行回归分析，从景观特色、保存状况、非物质文化景观类型等三方面，来做聚类分析和指标回归分析，从而得到表 2-4 数据。

表 2-4　基于多层级分析法的五十一团景观价值评估指标权重计算

层次		二级指标层			各指标相对于总目标的权重
		B1	B2	B3	
		历史价值	科技价值	艺术价值	
		0.28	0.35	0.27	
B1.1	团镇文化资源形成的年代久远程度	0.32			0.11
B1.2	体现沿古丝路生产生活 / 特色民俗文化	0.21			0.21
B1.3	展现特色的农业种植和文化资源稀缺性	0.22			0.13
B1.4	历史上重大工程、事件、人物等产生过的重大影响	0.12			0.11
B1.5	文化空间的时代特色和艺术性	0.14			0.12
B2.1	规划技术的科学性——结合地域资源的绿洲人居环境的选址 / 布局 / 和谐 / 防灾		0.32		0.21
B2.2	设计技术的科学性——庭院经济的院落布局 / 建筑用材 / 装饰艺术		0.20		0.11
B2.3	生产性建筑及设施的科学性 / 适应性		0.31		0.10
B2.4	水资源利用的科学性——生态、经济性		0.27		0.11
B3.1	绿洲历史村落的整体格局和空间组合等特色与价值			0.33	0.15
B3.2	院落、建筑、室内等空间艺术特色			0.25	0.11
B3.3	文化景观整体艺术价值突出性			0.42	0.13

　　对五十一团文化资源的景观价值，专家进行了多轮打分。笔者团队将这次打分与职工的反馈意见进行了汇总，形成了表2-4。附表中的数据显示，对于该团文化的景观的评价相关度达成了普遍的共识：国营农场式居住群落、移动式的庭院经济型院落等人居环境特色典型，反映在国家安全需求和集体经济生产、艺术审美上形成的具有南疆兵团特色的人居环境，应对集体生产和生活而营建的居住形式是生存智慧的反映，镶嵌式的居住群组

合与离析是满足集体农业生产方式所决定的。在深入推进兵地融合共同发展背景下，典型中华民族传统节庆文化、民俗、群众文化及其典型的精神生活空间的保存与传承在团场（镇）空间呈现完整度相对较高，景观风貌特色突出，标识性强等特征；最后，通过多方参与和讨论，对五十一团景观风貌评价体系达成共识：反映生产结构文化景观评价体系、以聚落为载体的文化景观评价体系、非物质文化遗产评估体系。从文化景观价值、保存和管理现状、文化景观特色等方面评价（表2-5、表2-6）。

表 2-5　基于多层级分析法的团场（镇）文化景观保存状况评估指标权重计算

层次		二级指标层			各指标相对于总目标的权重
		B1	B2	B3	
		真实性	完整性	延续性	
		0.41	0.35	0.24	
B1.1	是否保留了古丝路的人工绿洲环境形态	0.21			0.11
B1.2	是否保存了成规模的古代文化遗迹	0.11			0.21
B1.3	是否保存了红色文化遗迹	0.10	0.21		0.131
B1.4	是否延续了原有文化基因及创新	0.11	0.11		0.11
B1.5	是否反映了沿丝路文化或红色文化的生产生活方式/精神生活/民间习俗	0.15	0.10		0.12
B2.1	重要空间是否发生位置转换	0.11	0.11		0.21
B2.1	各类文物数量及风貌	0.13	0.15		0.11
B2.2	是否有充足的文献记载（文字、图像、石刻等）		0.11		0.10
B2.3	是否保留了民族或兵团人的情感寄托场所		0.13		0.11
B2.4	作为文化遗产，是否突出普遍价值和突出价值的完整程度				0.15
B3.1	周边环境对评价对象的负面影响程度			0.15	0.11
B3.2	多元文化的整体艺术特色反映是否突出			0.10	0.14
B3.3	营造的生态智慧是否反映文明成果的共享			0.23	0.11

表 2-6 基于多层级分析法的团场（镇）其他非物质景观价值评估指标权重计算

层次		二级指标层			各指标相对于总目标的权重
		B1 历史价值	B2 科技价值	B3 艺术价值	
		0.28	0.35	0.37	
B1.1	古人居环境与团场（镇）二者关联程度	0.32			0.11
B1.2	体现沿古丝路和兵团文化的生产生活/特色民俗文化	0.21			0.21
B1.3	展现特色的绿洲人居环境样本的稀缺性	0.22			0.131
B1.4	历史上以重大工程、事件、人物等产生过重大影响	0.12			0.11
B1.5	文化空间的时代特色和艺术性	0.14			0.12
B2.1	规划技术的科学性——结合地域资源的绿洲村落的选址/布局/和谐/防灾	0.12	0.32		0.21
B2.2	设计技术的科学性——院落布局/建筑用材/装饰艺术		0.20		0.11
B2.3	生产性建筑及设施的科学性/适应性		0.31		0.10
B2.4	水资源利用的科学性——生态、经济性		0.26		0.11
B3.1	绿洲历史村落的整体格局和空间组合等特色与价值			0.33	0.15
B3.2	院落、建筑、室内等空间艺术特色			0.25	0.11
B3.3	文化景观整体艺术价值突出性			0.42	0.13

通过学术研究者、管理者、团场（镇）职工等三位一体的多重评价体系评估，对五十一团的自然景观风貌、特色生产景观风貌、人文景观风貌、居住景观风貌等四大目标层的资源类型（表 2-7）、活动类型及行为需求进行整理，利用 SPSS 统计分析对景观风貌进行分析，探索国营农场生产背景下的特色团

场（镇）景观风貌影响因素。研究团队于 2020 年 3 月至 2021 年 12 月对南疆典型文化资源景观认知进行问卷调查与现场走访，问卷调查分为两次进行随机发放。数据加工后，利用 SPSS 统计软件对五十一团特色景观认知进行统计分析。职工和游客对特色景观的认知集中于自然环境、红色文化空间、非物质文化类型等方面，统计因子得出 20 项影响因素，职工对整体的美好生活基本要求期许度高；对文化空间综合功能的认知和满意度高。同时，游客对兵团文化和民族文化及节日形态的景观认知程度低，但是表现出对自然环境和人文环境的体验评价较高。

表 2-7 团场（镇）景观风貌评价指标体系

总目标层	二级准则层	指标层	权重
自然景观风貌	气候特征 山体 水体 植被	地形地貌 与聚落关系 与聚落、与建筑关系 植被覆盖率	0.140 0.181 0.117 0.145
特色农业生产景观风貌	大型农场特色类型 特色生产方式 生产设施	林带条田 定点与嵌入结合 圈舍、牧场、定居点及其他	0.216 0.104 0.205
人文景观风貌	特色生产生活方式 精神生活 民间习俗 文化活力	集体生产与空间形态及其特色 红色文化、老兵精神 各类群众文化节庆品牌 传统技艺、文化氛围、文化符号色彩	0.311 0.200 0.136 0.301
居住景观风貌	聚落格局 公共空间活力 设施活力 历史文化遗产	团场（镇）与资源环境耦合度 归属感、可达性、舒适性、空间使用率 服务设施、衍生空间、管理维护 古遗迹、居住建筑遗产、工业遗产	0.110 0.103 0.201 0.241

团场（镇）在未来文化资源保护与发展规划和村落建设中可以从以下方面提升居民生活与整体景观风貌品质。

1. 注重团场（镇）整体空间（居住空间、牧业生产空间、特色产业培育空间）与自然空间的有机结合，在满足生活与生产需要的基础上，对村落外围草场的土地进行整合并进行规划性设计，改善整体环境。增加器械等服务设施，满足居民日常活动的需求，并将民族活动引入到开敞空间中，提升游客的参与度。

2.完善公共基础设施的装配，尤其要利用好古丝绸文化遗产和集体国营生产设施，发挥其交通运输和旅游体验等复合功能。

3.保留古遗迹的整体建筑风貌特征，并以此为设计基点，充分运用原木河石等地方材料，对传统木居建筑与外部空间进行有针对性的保护与修整。充分挖掘地方性特色中的人文景观特色，增加具有中华民族共享的标志性建筑与景观小品。

4.村落文化活力因素是指公共空间中与特色文化相关的要素。新疆民族地区文化景观演变的过程与机制受多方因素的影响。民族地区优秀文化传承是特色团场（镇）建设和发展的核心内容，提升特色团场（镇）的特色产业，特色文化上融入公共空间和产业建设，优秀的民族文化资源可以提升其文化内涵；开展民族节庆民俗活动有利于提升使用者参与性及空间吸引力，传统技艺及饮食文化融入空间能增加文化空间归属感及吸引力。

基于发挥区域资源与扶持联动效能的区域、特色团场（镇）簇群、特色团镇三个维度的主导资源的判别、评价体系研究。以南疆民族特色连场为最基本空间单元，拟建立以精准保护与发展的主要指标四级评价体系：特色稀缺文化资源的保护程度、居民生活富裕的基础、特色文化产业扶持指数、文化生态保护基地及示范区的建设和生态发展可持续性为理论构建提供依据。

相对于建筑学、艺术学对聚落文化景观的案例分析法，以及传统的文化区划分研究，本研究采用了聚类和空间分析技术方法，从空间尺度探索了文化景观区划，可以从更多角度更准确地识别文化景观的空间特征，是借鉴人文地理学领域新方法、新技术的一次有益尝试，可以作为文化景观空间演变规律的发掘以及研究经济发展和文化冲突对传统聚落文化景观影响的新途径，研究结果也可为团场（镇）景观基因的识别、提取和聚落景观图谱的构建提供依据，并为挖掘、保护和利用团场（镇）价值提供重要的参考。

评价体系建构的程序：① 核心评价因子的判别与筛选、确定；② 具有科学性和实践性的评价层次结构；③ 制定多层实用的评分标准。价值评价是绿洲历史村落文化景观全面科学保护的基础，利于在如此众多的绿洲历史文化村镇文化景观中进行分级分类保护。因此，价值评价应该是绿洲历史文化村镇评选的重要依据。

分析现有的评价体系中评价因素的提取和评价方法，在现有研究和考察的基础上，借鉴已经成熟的研究方法，通过对团场（镇）景观的证实与反馈，制定适宜该区特色景观的评价标准。通过大量的问卷调查，采用专家调查法，提取团场（镇）的评价因素集，首次把历史文化村镇的评价体系一分为二：根据评价因素的特征和操作方法的不同，评价体系分成客观评价体系和主观评价体系，对它们进行综合评价，划分等级、分类保护、分型发展。[①]

① 张艳玲. 历史文化村镇评价体系研究 [D]. 广州：华南理工大学，2011.

第三章 基于差异性的兵团团场（镇）精准保护与开发模式的理论构建

习近平指出，乡村振兴的前提是巩固脱贫攻坚成果，要持续抓紧抓好，让脱贫群众生活更上一层楼。要持续推动同乡村振兴战略有机衔接，确保不发生规模性返贫，切实维护和巩固脱贫攻坚战的伟大成就。要聚焦产业促进乡村发展，深入推进农村一二三产业融合，大力发展县域富民产业，推进农业农村绿色发展，让农民更多分享产业增值收益。要扎实推进乡村建设，以农村人居环境整治提升为抓手，立足现有村庄基础，重点加强普惠性、基础性、兜底性民生建设，加快县域内城乡融合发展，逐步使农村具备基本现代生活条件。要加强和改进乡村治理，发挥农村基层党组织战斗堡垒作用，创新农村精神文明建设有效平台载体，妥善解决农村矛盾纠纷，维护好农村社会和谐稳定。要加强和改善党对"三农"工作的领导，落实五级书记抓乡村振兴要求，强化乡村振兴要素保障。①

以乡村振兴要求下乡村规划为抓手，示范为目标，本研究从特色团场（镇）"生态宜居"的整体性出发，遴选精准保护与发展的重点对象，制定扶持梯度、特色产业培育及团镇治理策略。① 分层：基层团场（镇）为示范突破；建立文化生态保护区；培育特色产业集群；发挥区域内协作联动片区的效应统分结合，精准施策。② 分级：制定以人民生活和生产、生态的刚性需求程度为突破的梯度分级，脱贫、安居乐业，通过生态保育等长效机制，制定适宜的保护规划和精准开发阶段目标。③ 分类：根据保护与发展对象的资源禀赋、分类建立主

---

① 中央农村工作会议于 2021 年 12 月 25 日至 26 日在北京召开。会议以习近平新时代中国特色社会主义思想为指导，全面贯彻党的十九大和十九届历次全会精神，贯彻落实中央经济工作会议精神，分析当前"三农"工作面临的形势任务，研究部署 2022 年"三农"工作。

导型特色产业扶持，提升地域特色产业承载力，在文化资源丰富区域主推支配性文创旅游产业，而在特色种植为主的传统聚落，以特色农产品产业为核心，建立"多中心＋网络化"模式，产业振兴网络，发挥区域联动区节点产业效能。

第一节　现状问题

以"五大发展"理念作为城乡生态化建设主要指导思想，结合兵团团场（镇）当前社会经济发展状况深入挖掘与分析当前兵团团场（镇）发展中存在的主要问题，进而明确城乡建设中精准保护目标，制订因地适宜的合理方案。推进城乡建设与维护生态平衡是当今人类社会历史发展的必然选择，不止新疆建设兵团团场（镇），当今社会发展的现实选择都处于工业文明向生态文明转向的阶段。在此基础上城乡历史文化保护传承是一项综合性工作，既要统筹发挥各行业、各部门作用，又要充分调动社会力量，将发展思想内核与理论体系构建相结合，体现城乡历史文化的综合价值。从以下方面探讨团场（镇）文化保护传承主要存在的短板和不足。

一、兵团文化资源的活化利用的动力不够

历史文化保护传承需要投入大量资金，其成本普遍高于一般新建项目，特别是边疆地区、民族地区等经济基础和生态环境薄弱区域，新旧文化资源的协调、生态保育与人居建筑风貌保护、老旧房屋修缮、市政设施改善等资金需求量更是巨大。同时，因兵团文化资源整体分散，局部集中，易存在产权兵地属地不清等问题，活化利用难以形成规模效应。在边境偏远的

团场（镇）文化资源基本不具有短期经济效益回报的特点。目前活化利用的资金主要来自政府投入（部分使用援疆资金），社会资金参与积极参与度不够。人才与资金部分流失，以连队为单位的"自我造血"的功能性不足，并且存在基础设施不完善的问题。目前，兵团城镇中部分团场（镇）基础设施建设相对薄弱，尤其是边境兵团小城镇文化体育设施不完善，绿化建设与人民追求美好生活的要求还存在一些差距。

二、兵团红色资源开发不充分

兵团红色资源具有独特的生命力和吸引力，在维稳戍边、资政育人及红色旅游等方面发挥着不可替代的作用。习近平总书记在第三次新疆工作座谈会上同时强调，要弘扬民族精神和时代精神，践行兵团精神和胡杨精神，激励各级干部在新时代扎根边疆、奉献边疆。兵团红色资源类型多元，数量丰富，在地域分布上嵌入式格局明显；兵团红色资源亦呈嵌入式格局，广泛分布在各师团，这与兵团事业的起点基本上是在南北疆同时开展、遍地开花密不可分。要充分发挥兵团红色资源具有的强大感染力、社会凝聚力和市场开发潜力，发挥兵团红色资源在兵地融合中的作用。发挥兵团红色资源作用是其中不可或缺的要素或环节，始终扎根中华文明沃土，为各族人民提供坚强思想保证和强大精神力量。

三、精细治理存在不足

干旱、霜冻、大风、沙尘暴等自然气象灾害在新疆建设兵团团场（镇）区域时有发生。新疆降水量少，以第十二团为例，位于塔里木河南岸，但塔里木河岸属于季节性河流，受塔克拉玛干沙漠影响，该地区全年降水较少，蒸发量是降水量的

49 倍。新疆自然生态环境脆弱，生态可持续发展受自然灾害影响较大，精细治理存在极大挑战。随着经济的发展，工业污染、生物破坏以及环境保护意识的不足不同程度地威胁新疆地区的生态环境。在人文遗产方面，兵团红色文化资源与民族文化保护涉及普查、确定、保护、改造、利用要全面融入兵团民族团结、改善职工群众民生方面，全面考验着文化资源保护与利用的精细治理的能力。因此兵团与地方的协商联动机制，文化保护优先、生态平稳发展、利益分配均衡的共建共治共享工作平台有待搭建，建立区域示范项目，发挥引领示范效应。

第二节　南疆民族团场（镇）发展的对策

基于新疆民族特色团镇资源的差异化，构建"团场（镇）小城镇＋美丽连队＋作业点"的实施路径。要激活团镇发展的三大核心驱动力（图 3-1），一是资源差异化供给，释放要素流动；二是资源特色重组，强化梯度差异化发展；三是培育特色产业，实现示范推广。南疆团场（镇）的发展需要依托本土特色资源（人力资源与物质资源），同时用好新疆顶层设计实施，与所在师市步调一致，统筹发展，重点用好输入型新兴资源（政策与人力、资金），实团场（镇）的物质活力、文化活力、生态活力、产业活力。富民兴疆是团结稳疆的基础，因此要发挥自身资源潜力，通过种植特色农业、开发特色文化资源、用好政策有效扶持，推动连队的村容村貌整体提升。形成有区域影响力和品牌示范效应的特色文化旅游产品，实现脱贫攻坚成果的有效持续和以美育人、以文化人的多层目标，营造人居环境优美，特色产业支撑的品牌团场（镇），实现南疆兵团民族特色团场（镇）精准保护和发展与示范。

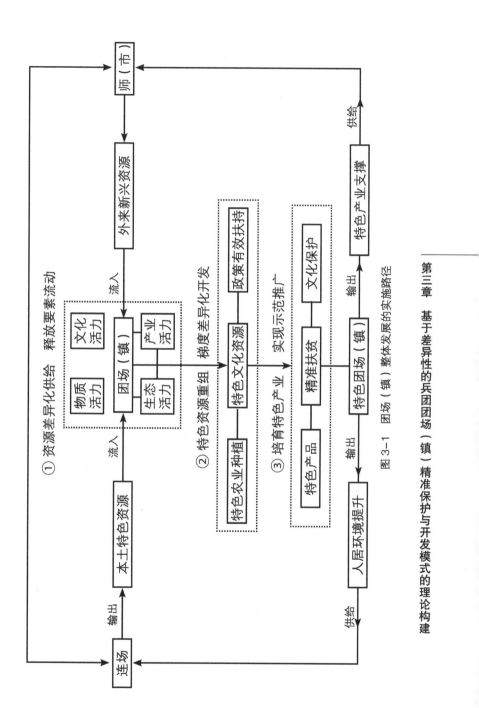

图 3-1 团场（镇）整体发展的实施路径

一、团场（镇）人居环境与特色产业提升的基本思想

中共中央办公厅、国务院办公厅印发了《农村人居环境整治提升五年行动方案（2021—2025年）》（以下简称《方案》），巩固拓展农村人居环境整治三年行动成果，全面提升农村人居环境质量，为全面推进乡村振兴、加快农业农村现代化、建设美丽中国提供有力支撑。根据《方案》的总体精神，结合南疆团场（镇）现状条件，制订实施指导方案。

（一）坚持因地制宜，突出分类施策

根据边境团场（镇）的干热少雨气候条件和戈壁、绿洲、荒漠、内陆河的部分地形地貌相匹配，充分利用兵团红色文化资源和地方民族文化资源，融合地方民族风土人情活用，相互协调，自下而上、分层分型分类确定人居环境提升、产业发展预期和目标任务，坚持南疆团场（镇）标杆示范从质量、实效出发，既尽力而为，又量力而行。

（二）坚持规划先行，突出统筹推进

树立系统观念，先规划后建设，以团场（镇）为单位统筹推进连队为基层单位的人居环境整治提升各项重点任务，重点突破和综合整治、示范带动和整体推进相结合，合理安排建设时序，实现连队人居环境整治提升与公共基础设施改善、乡村产业发展、乡风文明进步等互促互进。

（三）坚持立足连队，突出乡土特色

遵循连队集体所有制的发展规律，体现大型集体农业发展特点，注重多元兵团文化的味道，保留连队与地方融合的景观风貌。坚持农业农村联动、生产生活生态融合，推进农村生活

污水垃圾减量化、资源化、循环利用。

（四）坚持问需于民，突出职工主体

充分体现连队建设为职工群众而建，尊重职工群众意愿，激发内生动力。坚持地方为主，强化兵团党委和政府责任，鼓励社会力量积极参与，构建政府、市场主体、村集体、村民等多方共建共管格局。着力构建系统化、规范化、长效化的政策制度和工作推进机制。

二、团场（镇）人居环境与特色产业提升的预期

（一）构建"团场（镇）小城镇 + 美丽连队 + 作业点"多级规划与实施

南疆大多数团场（镇）在乡村振兴、旅游开发中存在缺乏统一规划与合作，缺乏优势互补的问题。研究认为在团场文化资源存在差异的情况下，应采用团场（镇）或连队的簇群式联动的共生发展理念。坚持对称互惠共生理念下一体化的共生模式是共生组织程度不断提高的共生化作用逐步增强的最终结果，以特色连队与地方村镇联合进行一体化发展，才能做到选准主题、一团一特色、一连一主题、一村一卖点，避免产品同质化而造成的恶性竞争。结合一体化共生模式，从资源和空间维度构建多层级的团场（镇）人居环境连片提升和多中心的产业格局建设，通过挖掘新疆屯垦文化的旅游资源价值，提出屯垦遗址公园、研学旅游基地、工业遗产、旅游节庆等旅游开发模式，以期为讲好新疆屯垦故事，加快文化、旅游融合，促进新疆屯垦文化旅游可持续发展提供理论支持和实践指导，打造以特色产业为主导的特色小城镇发展是兵团经济发展的重要路径。

利用特殊资源，办好特色产业。新疆土地面积辽阔，文化历史深厚，不同团场（镇）所处的区域其民族民俗文化、民间手工艺以及土特产等都具有自身的独特性。兵团团场（镇）应当做好自身调研、了解自身特色、结合自身情况进行精准的开发与利用。团场（镇）的建设模式可根据各个团场（镇）自身的特点不尽相同，建设与发展模式也具有多样性。新疆兵团具有特殊的地理位置、特定的文化底蕴，因此新疆兵团城镇发展可以参考城镇供应型、特色产业开发型、旅游带动型等发展模式。

（二）产业规划与空间规划相结合下的机制创新

新疆历史悠久，许多地区有很多的名优土特产品、民间手工艺、独特的文化传统等，为兵团团场（镇）集中连片，多中心的产业格局的建设提供可能性。兵团团场（镇）应该充分利用这些特殊资源，办好特色产业，增强团场（镇）的吸引力。新型团场（镇）全景式的描绘是"经济发展、生活富裕、场风文明、环境良好、管理民主"，新疆生产建设兵团站在国家安全、经济建设的最前线，肩负屯垦与戍边双重任务。在维护国家安全、社会稳定、经济发展、民族团结等方面发挥重要作用。在团场（镇）发展中产业规划与空间规划要适应新疆经济开发的需求、结合生态环境的状况、削弱影响兵团小城镇可持续发展的潜在不安因素。创造节约型生态团场（镇），通过城市绿化的合理规划，改善城市面貌，优化人居环境，维护生态平衡。在发展经济产业的同时做好生态效益的可持续化发展，考虑发展方向、转型实践、合理规划的城镇未来建设道路。城镇绿化与屯垦农田、林业生产用地整合规划，具体措施如下：

1.形成特色产业。产业建设是小城镇发展建设的核心要素，是支撑小城镇发展的基础条件。而这一产业的核心功能要抓住最有特色的产业来建设，避免团场（镇）中发生同质竞争，城镇的产业空间、居住环境、生态空间应当因地制宜，进行科学合理的布局。文化作为特色团场（镇）的"内核"，影响团场（镇）的长久发展与吸引力。应当加大对文物、文化遗产等保护单位的保护力度，融入自然景观元素、文化符号元素及民族特色元素，为当地人创造便利有活力的生活团场（镇）。如朝红色文化背景、自然资源优势禀赋、人文要素景观、屯垦农田景观等自身特殊优势方向进行发展。

2.完善的城市绿化功能。城镇绿化对改善生态环境、人居环境以及经济投资环境具有重要作用。加强城镇绿化建设，增加城镇绿化投资，推行城镇绿化管理制度。结合城镇水系、林道、城镇旧区改造等因素规划建设方案，实施（响应）蓝天、绿地、碧水工程。在我国工业化的进程中，先污染、后治理，再转型的道路是兵团小城镇的经验教训。新时代兵团小城镇的城市化发展面临工业现代化的环境破坏和生态现代化的环保需要的双重压力，因此通过对国内外已有的绿化、农业、水利发展模式借鉴，探讨适合当下兵团自身发展的生态经济系统发展模式。规划兵团城镇蓝绿基础设施空间，以当前农田条件、水系、林道为骨架设格局。夯实屯田景观基础建设。优化兵团小城镇产业结构，促进经济效益与生态效益的协调共建，创造就业机会留住人才。一方水土不仅养一方人，同样造就一方环境面貌。打造新疆生产建设兵团小城镇特色蓝绿屯田景观，体现屯垦戍边营造优良环境，达到吸引人、留住人、经济发展与生态环境协调可持续发展的目的。建设兵团团场（镇）"蓝绿"系统将城镇绿化与屯垦农田、林业生产、灌溉水利、渠系、自然河流等整合规划，共同构建一个稳定持久的城镇生态环境体系。

第三节　南疆民族团场（镇）保护与开发模式的理论探索

扮靓美丽连队，营造舒适氛围。坚定向"美"而行，必须坚持以人民为中心，不断实现人民对美好生活的向往。通过挖掘新疆兵团团场（镇）文化的旅游资源价值，提出屯垦遗址公园、研学旅游基地、文化艺术节庆等旅游开发模式，守好文化资源宣传与丰富精神生活的前沿阵地，不断学习、吸收国内外城镇发展的先进创作理念与新技术，以期为讲好兵团故事，加快文化价值与经济效益的融合发展，促进新疆团场（镇）文化旅游可持续发展提供理论支持和实践指导。首先，发展兵团民族特色产业要以当地的自然景观、人文景观、农业资源等现有资源为基础优势，根据当地的资源优势形成特色的产业，达到精准保护与低投多获的发展模式。首先以民族非物质文化为基础优势，发挥民族地区特色文化资源区域价值，如伊犁地区哈萨克族，民族刺绣就是活态化潜在的可发展的文化效益，延伸出的刺绣产业不仅能在保护文化的基础下，增加就业岗位，还能带动周边旅游研学等经济发展。兵团民族地区要不断向发达地区学习，由政府各部门组织优秀的农民骨干、民族企业赴内地考察学习先进的管理理念和产业创新模式。其次以农业资源为优势各兵团地区可以结合当地的农副产品，发展特色农副产品加工业。通过政府投资建立交通路线，寻找产业相关的动力供应点及需求点，提高自己的产品优势，发展区域特色的名优产品，推动特色产业向市场化、产业化方向发展，使距离不成为农业发展的阻碍因素。最后以自然资源为优势的团场（镇）为例，依托自然资源发展旅游业，不仅可以带动其他产业发展，还能传播民族精神文化，依靠科技进步的力量，加快科技转化的步伐，不断提高兵团农民的素质，优化资源配置。

一、"红色文化 + 特色农业种植"文化旅游产业模式

党的十八大以来，党中央高度重视红色文化建设，不断强调要把红色资源利用好、把红色传统发扬好、把红色基因传承好。将特色团场（镇）各自的红色军垦文化旅游资源与当地的特色农业进行有机整合，找到"红（红色文化）、古（古代遗址）、绿（国营农场）"三者之间最好的融合方式，探索"红色文化 + 特色农业种植"产业融合的旅游发展模式。

本研究以第三师为例探讨该模式的理论与实践的可行路径。第三师是东西方文化、多民族交往交融之地，是西域屯垦历史最早的发祥地之一，留存有全疆及兵团数量最多、类别丰富的古代屯垦遗址与文物，厚重的屯垦历史赋予了团场（镇）丰富的屯垦文化资源，是研究中国屯垦历史文化的本源地之一。第三师四十九团一中队砖窑旧址、农机站车间、九连旧址等红色军垦文化遗址为团场（镇）发展红色军垦文化旅游奠定了坚实的资源基础。第三师四十九团红枣产业已成为该团经济快速发展的重要产业，该团党委大力发展环保、安全、有机、绿色产品，积极申报有机红枣认证，2015 年取得了 5000 亩红枣有机转换证。建设四十九团红枣种植观光采摘园，被打造成当地团场（镇）旅游的"网红打卡地"。团场（镇）积极开展人居环境整治，进一步美化连容连貌，服务区域爱国主义主题教育基地，通过参观兵团红色文化遗址，学习四史"党史、新中国史、改革开放史、社会主义发展史"红色主题教育，同时提升团场（镇）的文化品牌的影响力（图 3-2）。

图 3-2　特色农业开发，建设美丽新连队

二、"特色农业＋民族民俗研学旅游"基地（营地）模式

兵团发展特色产业助推乡村振兴以特色农副产品和优势矿产资源为中心，不断扩展横向产业链条，同时，要不断拉长特

色农业和矿业的纵向链条，形成产业化经营模式。积极开展特色农产品，提高附加值，迅速提高兵团特色产业的经济效益。实现特色产业集聚和要素集聚的重要途径和有效载体。特色优势产业突出、规模效应显著、与地方经济互为补充的产业集群。

南疆团场（镇）地处民族聚居区，有着丰富的民族文化资源，团场（镇）有着悠久的农业种植历史和成熟的国营农场集体模式，为开展"特色农业＋民族民俗研学旅游"模式提供了基础。该模式主要以大型园区形式存在，是实现特色产业集聚和要素集聚的重要途径和有效载体，园区可开展民族民俗研学教育，也可成为兵团特色地标性旅游景区。该模式内部一般包括民族博物馆、展览馆等场所，也具有民族连队文旅融合等项目，还会举办民族特色民俗与民间节日等节庆活动。该模式利于打造美丽田园景观，推动美丽乡村建设，加快农村生态文明建设。

以特色农业研学及民族民俗研学旅游发展的总体规划及子规划的编制、实施为抓手，强化顶层设计，加强宏观指导。以兵团历史文化遗迹为支撑，完善特色农业研学接待系统、服务系统、生产系统、营销系统，构建以农业生产、农业文化、农业科技、农业文明、农业节庆为内容支撑的特色农业研学基地。整合资源，彰显兵团特色农业研学与少数民俗研学旅游基地特色，深入挖掘兵团特色农业资源，打造主题化研学营地、品牌化研学项目、特色化研学线路。突出彰显"兵团记忆、兵团农耕、兵团乡村、兵团田园"四大主题特色，融入地方文化、乡情乡貌、民族风俗、乡村历史、非遗文化，形成"农耕、游牧、佳田、归乡"四大农业研学与民族民俗旅游融合发展的研学项目体系。

以项目为支撑，打造一批环境优美、氛围浓郁、功能完善、设备齐全的农业研学与民族民俗旅游小镇、综合体、营地或基地聚集区。提升设施，打造特色农业研学与民族民俗研学旅游共享品牌，推动兵团特色农业研学基地建设、营地设施改造与提升，促进乡村旅游与特色农业研学设施共建、共享，打造多样化、沉浸式、体验式的农业研学与民族民俗研学旅游场景。

三、"屯垦遗址遗迹公园 + 文化艺术节庆"模式

屯垦遗址遗迹公园的建设可以从兵团记忆传承（图像、文本、现有人文景观）、屯垦建设人群两方面入手。首先是兵团记忆传承，主要以记录、传承、体验等方式方法，以图像、文本、现有人文景观为建设基础展现兵团人艰苦奋斗的精神。设置体验式的屯垦任务教学，融入兵团红色基底文化，以沉浸式体验、寓教于乐、潜移默化的学习方式在精准保护红色文化与带动经济文化且实现教育功能的多重目标基础下开发建设团场（镇）。以科技、文化加持赋能保护，提供创新体验。

文化是兵团发展的有力支撑，文化艺术节庆活动可以根据民族地方特色、重大事件时间、名人风采等主题开展。规模宏大，形式新颖，内容丰富，活动形式也更加多样：列队表演，文艺节目，书法、绘画、摄影、工艺展览等文艺创作，在实现文化传承目标的同时推动文旅等相关产业更好发展。例如，艺术事业为民族政策的宣传、文化教育的提升、文化娱乐的满足等提供了一个多元化空间和舞台。用好艺术的功能和力量，在新疆多民族地区更加广泛地团结民族兄弟，培育为民族事业服务的干部与艺术创作者，引领群众听党话、跟党走，保持民族团结一家亲的稳定格局，铸牢中华民族共同体意识。

第四节　人才是团场（镇）发展的源头活水

在正值百年未有之大变局的时代，项目蓄势而为，搭建多学科融合的优势平台，开拓和掌握多领域研究的国际话语权，将兵团民生建设经验展示好、宣传好、活用好。人才是团场（镇）发展的源头活水，应该分类施策，拓展乡村人才渠道，建设"新农人才"库。

一、专家队伍引进与自我培养

面向南疆师市人居环境现状和红色文化保护利用的需求，部署提升团镇基层人居环境和文化空间建设的基础研究重点任务，促进城乡规划学、园林设计学、建筑学、产业经济学等学科同南疆宜居宜产宜生的环境建设深度融合，加大对口援疆区域人才和本地人才的组团式队伍跨学科研究的支持力度（图3-3）。着力构建符合兵团资源特点的生态文化景观保护、文旅融合的特色团镇示范点，加强红色文化深度展示与传播等人才培养，为南疆人居环境生态保护与品质提升实践提供理论指导和科学依据。

到2035年，达到乡村振兴中人居环境提升和乡村人才层次和类型丰富，赋能乡村振兴水平全面提升，团镇文化与旅游深度的科技创新能力实现跃升，城乡人居环境提升机构队伍力量增强，产生一批留得住、用得上、干得好的人才队伍，人才结构优化，生态保护与利用的社会参与活力不断焕发，南疆团场（镇）人居环境治理体系和治理能力现代化初步实现。兵团红色文化遗产蕴含的中华文化基因得到更好地挖掘阐释，使兵团美好人居环境建设工作在坚定文化自信、扩大中华文化影响力、铸牢中华民族共同体意识方面的重要作用愈加彰显。

1.依据目前问题为导向，制订人才发展的实施方案，发挥

图3-3　纲目并举：非遗创新人才在地性人才的培养
（图片来源：石河子大学）

南疆兵团民族特色团场（镇）文化资源保护与发展研究

学术理论与实践成果的示范作用。项目提供高水平专家服务乡村振兴，对三类人才培养，精准制定服务内容和项目有效实施的全方位的保障制度，形成兵团党委领导、地方政府负责、大学协同、社会参与的工作保障制度。

2. 建强配齐服务团队。多方共同参与，全进程发挥作用。团场（镇）的建设是一个多方参与、共同建设的过程。以"共建、共治、共享"为建设模式。组建保护志愿服务队，组织居民、媒体、专家等共同参与，积极调动高校、研究设计机构专家承担方案规划与执行工作，活化利用专家学者在文化展示、艺术空间、民族民俗等方面的专业水准，探索建立特色化激励机制，促进各方力量共同参与。

建立多元化乡村振兴服务团队。"党建 + 人才"培育乡村振兴"主力军"，充分发挥党组织的"红色引擎"作用。石河子大学乡村振兴研究院一方面依托石河子大学强大的师资力量，另一方面注意加强师资队伍建设，聘请农业农村相关部门、科研机构、大学院校、社会组织、农业龙头企业等具有丰富理论及实践经验的专家学者、企业家、领头人和非遗传承人等，确保培训业务的开展专业、精准、高效。这些来自三农领域的专业人才，也是学院的强大智囊团，不仅可以为学员提供知识性培训，还可以结合各个地区的难点难题出谋划策。学院在校域内整合领域专家，成立乡村振兴顾问团，为基层发展注入思想活力；成立乡村振兴课题组，以破解乡村振兴现实问题为依据，加强校地、校企横向课题研究。

二、科技人才服务的三个精准对接

兵团高校、地方高校、援疆对口高校等组成的乡村振兴博士团"组团"下团镇开展文旅产业发展、团镇人居环境建设规划，以现有的乡村振兴产业基地为平台，广泛开展了合作攻关、成果推广、技术咨询培训等工作。构建三位一体的服务兵团师市乡村振兴人才服务的整体，推进专家团队精准对标服务内容和服务形式。

1. 精准对接服务团队。"头雁领航"的科技服务："三个精准"对接兵团基层从业人员服务。以返乡创业青年、新型青年职业农民、农村青年致富带头人为对象。服务内容以多元技能提升、创新创业实训、文旅融合赋能、政策支持等为重点。

2. 精准对接实行多样化乡村振兴与科技人才的服务组织形式。专家团队的科技成果下乡、兵团师市多层级人才在地培养、定向研究生的培养为兵团培育留得住、用得到的好人才，培养适宜师市人居环境提升区域发展的具有工匠精神的多层级人才。开展师市乡村振兴人才服务的本地培训服务。科技人才下基层为乡村振兴注入"源头活水"。积极选派了一批科技业务精、责任意识强的科技特派员在3—5个示范团场（镇），创造性地开展各项科技服务工作，有力地助推了科技扶贫和乡村振兴战略实施。

3. 精准对接服务内容，人居环境与产业提升的长效实施。开展"共绘兵团"艺术家、景观设计师下乡活动，引导广大艺术与设计从业者等专业人才深入基层，帮助群众做好美丽团镇、文旅乡村规划实施。健全具有兵团文化特色的"镇村布局规划＋村庄规划"的乡村规划体系，提升美丽团镇人居环境和营商环境。

4. 设定人才服务清单。鼓励新疆、兵团的美术家协会、群艺馆、城乡设计院、景观设计等50家单位的艺术与设计师活跃在兵团师市团镇乡村振兴第一线，逐步实现人才在兵团市县全覆盖。培养一批懂政策、爱农村的规划人才团队，与村民共同编制规划成果，进一步帮助基层推进乡村振兴，共同描绘和实现美丽兵团乡村规划蓝图。

建设美丽兵团，还需细致规划。实施乡村振兴的人居环境规划与实践，急需人才引进工程。以国家战略需求为导向，以立德树人为根本，以强农兴农为己任，着力构建高水平的培训体系。着重引导一批青年设计人才、直播人才、科技人才和大学生志愿者下乡。实施专业技术人员素质提升工程。依托石河子大学、塔里木大学、新疆师范大学、华中科技大学、南疆师市实践基地，培养扎根兵团师市城乡建设管理和人居环境提升的技能人才。柔性引进城乡旅游规划领军人才及其团队，共同研究适宜南疆师市的美丽小城镇人居环境模式，全面提升南疆宜居宜业的人居环境的生态、休闲与生产的核心示范效应。

三、确保科技人才服务基层措施举措

1. 制定基本原则。针对创新南疆乡村振兴人才培养机制，建设南疆人居环境提升领域高水平智库，提出以下基本原则：

坚持科技创新引领。树牢留得住、引得来的人才培养和人居环境提升要依靠科技的发展理念，改善人居环境建设的科技创新生态，加快推进急需技术的攻关和应用，加强人才培养和跨学科合作，推动南疆人居环境生态生产生活的环境利用提质增效。

坚持培养改革。加强文化与旅游融合的人才建设，合理保障培养人员待遇，强化有利于提高资源配置效率、有利于调动全社会积极性的改革举措，让兵团红色文化活起来，激发文化创新创造活力。

坚持系统观念。统筹高校、师市及企业各方力量，统筹生态保育和产业打造，着力补人才紧缺短板，强化人居环境品质的弱项，加快构建兵团人居环境建设的行业标准及示范工程、学术研究的体系。

四、专家团队开展科技服务的具体内容

全面加强人居环境科技创新人才培养。不断健全乡村振兴人才培养体系，创新人才机制，弘扬践行"兵团精神、胡杨精神"，让南疆师市建设后继有人、人才辈出。专家团队在开展科技服务主要聚焦在以下重点方面：

坚持科技创新引领，遵循乡村振兴与人居环境提升二者协调发展的关系与规律，优化资源配置，加强多学科协同，构建产学研用深度融合的南疆乡村振兴的人才培养的科技创新体系，推进以人居环境为主导的行业标准体系建设，提升学者、基层人员的科技创新能力和文化领域科技应用水平，带动解决重点难点及瓶颈问题，支撑引领南疆师市人居环境提升高质量发展。

（一）精准对接人才服务的重点内容

聚焦城乡一体化和乡村振兴，"安居"是"乐业"之本，立足南疆团场（镇）连队特色资源，开展南疆团场（镇）人居环境现状调查、结合当地特色农业、红色文化旅游资源，对人居环境的街道、建筑立面、特色景观文化标识进行创新规划与设计，探索文旅融合为依托的团场（镇）宜居人居环境与特色产业提升工程的精准服务水平和质量。

1.推动关键共性技术攻关。面向兵团人居环境建设的生态、宜居、宜产、宜研、宜用等五大需求领域，在关键技术、规划、集成技术、标准化建设等方面重点突破。注重区整体规划、连片保护、统筹展示，合理运用现代科技手段，大力发展兵团生态环境保育的技术体系；重点突破兵团特色红色文化资源，如建筑、遗址等文化景观方面的防治和保护工程质量评价关键技术；研究南疆文化资源保护规划关键技术，推进文化资源与乡村振兴人才培养全方位建设。

2.整合优化科技资源配置。建设国家级兵团人居环境科技创新基地，整合华中科技大学地域人居环境建设中心的资源优势，推动建设兵团城乡红色景观保护材料、专有装备等领域省级技术创新中心。扩大国家文物局重点科研基地规模，完善研究方向布局。依托新疆非物质文化遗产中心基地等，建设综合性科学研究实验平台。加快兵团红色文化保护科学数据库系统建设。

3.推进科技成果应用示范。保护和延续以红色资源为载体的师市文脉，遴选一批具有兵团特色的团镇，开展与人居环境提升、文化与旅游深度融合等领域的科技创新成果应用示范及评价项目，促进技术应用专业化、集成化、标准化。试点产学研用联合的人居环境保护研究型工程示范项目，探索定向研发、定向转化、定向服务的订单式研发和成果转化机制。加强文物领域高质量知识产权创造，强化知识产权保护与运用，依法保护文物领域科技创新成果。

（二）助力乡村振兴和南疆边境团镇的振兴发展

探索兵团红色文化资源丰厚区，建设"红色文化之团"。坚持保护第一，服务好"四史"学习教育，特别是围绕中国共产党在南疆各个历史时期的重大事件、重要节点，研究确定一批重要标识地，向公众开放，推动南疆师市人居文化空间多元布局，生动展示兵团红色文物蕴含的强大精神力量。培养专项人才，充分发挥革命文物在党史学习教育、革命传统教育、爱国主义教育等方面的重要作用。依托革命文物资源开辟公共文化空间，发展红色旅游及红色研学旅行，打造红色经典景区和精品线路，助力乡村振兴和南疆边境团镇的振兴发展。发挥兵团师市"文化润疆"的示范引领作用。将塑造全民族历史认知，推动人居环境保护利用全面融入兵团师市的社会经济发展。

大力培养生态环境修复与保护、红色文化景区规划、红色文物展示利用技术等有关的职业教育专业，引导文博单位深度参与职业教育，鼓励校企共建实习实训基地，支持乡村建设领域大师、名师、工匠进校园参与教育教学活动。

五、实施留得住、干得好的人才创新活力的举措

构建多层次兵团人居环境建设人才培养体系。培育一批以领军人才和中青年骨干创新人才为重点的高层次乡村振兴人才，加强生态保护、科技创新、文化旅游等急需领域人才培养，建设一支门类齐全、技艺精湛的人居环境建设人才队伍，稳步造就一支科技研发能力和技术应用能力过硬的文旅科技人才队伍。

关心爱护有意从事南疆乡村振兴的工作者，完善人才激励机制，支持鼓励更多优秀专业人才和青年人才从事研究项目。建立健全管理规范、评价科学、激励有效的文物人才体系。实行更加积极开放的人才政策，多渠道招聘引进高层次人才，创新文物技能型人才聘用方式。推动兵团师市城乡人居环境提升单位建立体现创新要素价值的收益分配机制。按照国家有关规定，对有杰出贡献的工作者予以表彰奖励。

历史经验告诉我们，各民族的团结是新疆文化、经济的发展基础，而文化事业的目标是以美育人、以文化人。因此，在人才服务与培养的过程中应注重与各个高校的紧密配合与联系，不仅能促进新疆地区的民族团结、社会稳定，也是为新疆团场（镇）建设培育隐性的人才资源。要做好校内宣传、网络宣传、社区宣传等各大宣传主力阵营的工作。

第四章 『特色产业+文创旅游』规划实践与示范

乡村振兴，关键是产业振兴。不断做大做强做优特色农业，加快推进乡村振兴，使职工群众的获得感、幸福感显著增强。同时要围绕补齐基础设施短板、提升接待能力、景区提档升级，持续开展旅游基础设施和公共服务设施建设，着力解决"三难一不畅"的短板和弱项等问题；大力推动现有旅游产品提质升级，积极培育、打造一批高等级旅游品牌，深化"旅游＋"融合发展，培育夜间文旅消费集聚区，打造"兵团礼物"等系列旅游商品；建立兵团与自治区旅游业发展常态化沟通协调机制，整合兵地文化旅游资源，规划建设一批"兵地融合创新型旅游示范景区"，共同推进边境旅游发展，联合培育旅游精品线路，持续推动兵团文化和旅游产业高质量发展，推动新型团场（镇）建设。

改善农村人居环境，建设美丽宜居乡村，是实施乡村振兴战略的一项重要任务。兵团各团场（镇）因地制宜加强公共基础设施建设，实施人居环境整治，提升基本公共服务水平，同时坚持内外兼修，丰富人文内涵，提升美丽连队品质。

依托军垦文化和红色资源，以持续开展党史学习教育为契机，抓牢中华民族传统节日，以春节、清明、端午、国庆等节庆节点，在团场（镇）开展红色文化创意旅游与主题旅游（特色农业与特色工业文化遗产）的文旅项目的规划与设计，积极围绕兵团红色文化要素，沙山、草湖自然景观等要素，特色农业种植与体验群，打造文艺精品。大力发展红色旅游，精心策划推出各类文旅活动和惠民措施。做好《团场（镇）"十四五"文化和旅游业发展规划》编制、旅游品牌创建、项目推进、招商推介等重点工作，推进团场（镇）文化旅游产业平稳有序发展，全面实现职工群众增收，民族团结、生态可持续发展。

借鉴既往的研究成果，结合研究样本具体情况，提出"团

第四章 『特色产业＋文创旅游』规划实践与示范

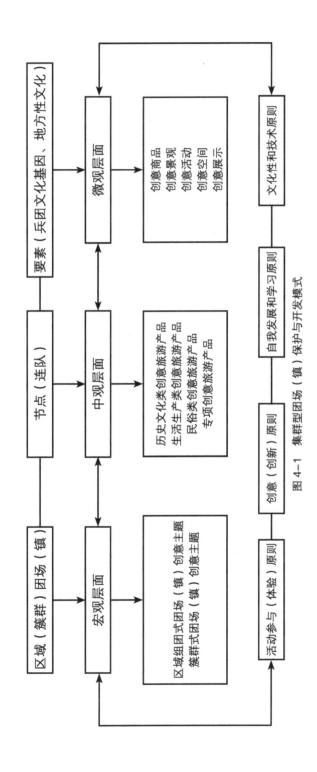

图 4-1　集群型团场（镇）保护与开发模式

南疆兵团团场民族特色民族文化（镇）文化资源保护与发展研究

76

场（镇）文化产业发展共同体"的概念。其内涵是建设健康、富裕、和谐、文明的社会形态，建设"团场（镇）文化产业发展共同体"，既是南疆兵团"团场（镇）文化产业发展共同体"构建发展新格局的具体举措，也是新时代实施民族乡村振兴战略的理想追求。基于新疆民族特色村镇资源的差异化，激活村落发展的三大核心驱动力（图4-1）。

团场（镇）共同体的营造，要从三个方面展开：一是以连队为基本单元，从人居环境品质的提升和特色文化产业的培育以及聚落生活富裕、生态平衡的物质基础；二是聚落有效社会组织建设和新型人才的培养；三是优秀的本底自然和人文资源的保护与更新路径探索。从特色牧区聚落"生态宜居"的整体性出发，遴选精准保护与发展的重点对象，制定扶持梯度、特色产业培育及团场（镇）的综合治理策略。

第一节 宏观层面：团场（镇）红色文化旅游规划策略

乡村振兴规划响应机制的"一张图"编制与实施：将特色兵团文化资源保护与利用纳入乡村振兴规划体系中，编制实施导则与实践"分层联动、分类实施、分级示范"保护规划和精准开发的协同机制。特色文创旅游产业的文创产品与生活深度融合设计、传承人保护与培训模式、产学研平台搭建的人才培养等环节的深度结合，编制适宜团场（镇）复合型特色产业的规划与实践导则。

融合红色旅游、农业观光、沙漠体育休闲等资源，成为兵团重要的红色旅游基地模式。以团场（镇）红色文化旅游新高地为目标支撑的"新疆第一红色团场（镇）"。规划前提就是从历史、文化、空间、体制、功能等方面对团场（镇）的现状特征进行分析，在此基础上对旅游要素进行统筹安排。团场（镇）旅游规划是以团场（镇）的基本特征和旅游资源为规划的基础依据，以旅游市场为导向，以旅游产品开发为核心，统筹安排旅游各要素，达到兵地融合发展、经济实力提高的目标。团场（镇）旅游规划是一种特殊的旅游规划，要注重结合团场（镇）的现状特征，针对兵团的特殊性、兵地发展的特殊性，以及团场（镇）旅游的特殊性，应当注意以下几方面：

1.团场（镇）的特色文化背景

在对团场（镇）旅游进行背景分析时要注意团场（镇）的基本特征，从团场（镇）的历史发展特点、文化特点、功能特点、组织体制特点还有团场（镇）空间分布特点几方面入手，分析解读团场（镇）的特殊性，根据这些特殊性来进行接下来的总体规划工作。

2.团场（镇）的独特旅游资源

团场（镇）的资源区别于一般地方的旅游资源，主要表现为军垦文化资源、生态环境资源还有地方文化资源三方面，在团场（镇）旅游规划过程中要重点从这几个角度着手，针对具体团场（镇）的资源基础进行分析，把握团场（镇）旅游产品的重点开发方向，找到其与其他地方或团场（镇）的差异性，这将对旅游产品的开发有指导作用。

3.文化惠民润城乡：团场（镇）与地方和谐共建

由于团场（镇）的特殊地域空间和组织体制，团场（镇）与地方发展存在很多矛盾，在团场（镇）旅游规划中还要注意兵地双方和谐共建的问题。从团场（镇）和地方的旅游资源着手，协商区域资源共享的问题，解决兵地抢夺资源的矛盾；从基础设施建设着手，合理规划团场（镇）旅游的基础设施，最大化地减少盲目开发、重复建设等；从环境保护角度着手，联合地方政府提出确切的环境保护条例，从而达到减少污染，环境美化的目的；从旅游线路组织着手，团场（镇）旅游要与周边区域旅游联合发展，在线路组织上从区域的角度出发对团场（镇）旅游线路进行开发。

一、基本原则

"产团融合"提出的以团场（镇）和特色产业融合发展的新概念，实质上指出了一条团场（镇）、特色产业和人口三大主体，在功能协调、单位联系和要素互动三个层面实现符合未来发展趋向的协调发展之路。

（一）合理布局，协调发展

根据五十一团现有产业基础与城镇发展实际统筹规划，从垦区中心镇、美丽中心连队、作业点建设这三个层面开展产团融合。坚持以规划为指导，产业协调发展、城乡经济协调发展、产业化和城镇化协调发展、技术密集型经济与劳动密集型经济协调发展，进而达到层次鲜明、布局合理。

（二）发挥优势，突出特色

依托五十一团现有产业基础，充分利用五十一团及周边地区优势资源，结合军垦文化、种养殖业的发展元素，采取合理的发展模式，处理好"有效保护，合理开发"的关系，优化、升级传统产业链条，使"两红一白"产业成为城镇的特色化发展的标志，大力发展潜在优势产业，注重突出兵团"兵"的特色，培育战略新兴产业，实现差别化竞争和错位化发展。

（三）整合资源，壮大规模

坚持以提高产业集中度、行业集中度和空间集中度为重点，打破地域、行业、所有制界限，以五十一团现有骨干企业为依托，结合五十一团整体发展规划和资源禀赋，有效整合各种可以利用的生产要素，集中力量做大做强，形成产业聚集的规模效应。

a. 可可勒玛佛教遗址景观

b. 民族庭院景观

（四）改善环境，坚持可持续发展

大力开展生态文明建设，加大环保基础设施建设力度，扎实推进环境综合整治和生态连队建设，打造"生态乡镇"，建

c.兵团红色文化景观

d.绿洲农业种植景观

图4-2 五十一团典型文化景观类型

设生态文明的重要载体，以改善民生为重要抓手，紧紧围绕"生态增绿、旅游增景、职工增收"的目标，利用区位优势，打造成集餐饮、避暑、度假、旅游为一体的纯生态旅游度假区、新疆民族风情旅游胜地和丝绸之路旅游驿站。加强五十一团环境保护和整治力度，实现经济与人口、资源、环境、社会的协调发展，建设基础设施功能配套、资源集约节约利用、人居环境友好、经济社会生态效益高度统一的现代化中心团场（镇）。

二、基本概况

五十一团是一个多民族构成的团场（镇），它是由维吾尔族、汉族、回族、蒙古族、乌孜别克族等九个民族同胞兄弟共同铸守的美丽家园。现有总人口5.16万人，其中民族人口占总人口的94.95%，是第三师最大的民族团场（镇），也是一个具有独特民族风情的团场（镇）。该团与图木舒克市直线距离14千米，地处巴楚县东北50千米处的叶尔羌河下游与喀什噶尔河沿岸的冲积平原上，图木舒克山与包尔其（维吾尔语，意为编席子的匠人）山洞的隘口的地理位置使这片土地成为古丝绸之路的必经之地。五十一团是古丝绸之路的重要驿站，具有古丝绸之路文化、佛教文化、兵团红色文化、民族特色文化、大型农业种植文化等丰富文化景观（图4-2）。红色文化资源较周边其他团场（镇）特色鲜明，该团部设置在唐驿镇，毗邻著名的"唐王城"与托库孜萨热依（九座宫殿之意）。

五十一团所在团场（镇）是兵团42个重点小城镇之一，团场（镇）光热资源丰富，种植业保粮增棉，团场（镇）公路与314国道相连，交通便利；在改革开放的大好形势下，团场（镇）更是依托先进科技，紧抓教育，开拓建设事业新局面。目前，团场（镇）综合实力不断增强，小城镇建设步伐日益加快，呈现出一派欣欣向荣的气象。

从 2011 年开始，五十一团党委按照兵团城镇化发展整体部署，积极融入师域"一主两翼四重点"的城镇化发展布局，以"城连一体三化"为纲领，以"宜居、宜业、宜产、宜游花园城镇"为目标，紧紧围绕"开放、包容、创造、和谐、发展"理念，集中打造成以团中心辐射"一社六团"的图木舒克辖区的"中心镇"。镇中心由住宅区、商业区、工业区、文化区、行政区等五个功能区组成。目前，五十一团党委正积极实施推进城镇化建设三年行动计划。打造特色鲜明、生态健康、商务、智慧、宜居、宜业的城镇，使五十一团成为"五化"建设的示范地，促进周边团场（镇）经济发展。

三、规划目标

以建设美丽团镇为目标，特色文化产业为支撑的宜居宜业的南疆美丽团场（镇），依托特色农业种植、打造团场（镇）精品文化旅游项目，重点突出兵团红色文化资源的阐释和展示利用。满足"多层级 + 多中心"旅游资源联动与辐射效应，满足不同人民的文旅体验需求。规划重点项目，纳入区域发展和新疆旅游精品产业顶层设计中，嵌入旅游精品线路是吸引承载国内外游客，带动旅游发展的主要支撑点，同时满足南北疆区域旅游的需求，设置精品周边一日游类的小而精文化旅游项目线路。结合游客对新疆旅游的需求来建设旅游精品线路，将在增加优质旅游产品供给、分流重点景区和线路客流方面起到重要作用。

第二节 中观层面："红＋绿"的文旅融合规划与设计

一、资源优势突出，可塑性强

五十一团是南疆大漠边缘的一个兵团民族聚居团场（镇）。该团地处塔克拉玛干沙漠和库姆塔格沙漠之间，北临阿克孔木戈壁孔雀河，南濒喀什噶尔河，是南部垦区绿色走廊腹地，是塔克拉玛干沙漠和阿克孔木戈壁之间的绿色屏障，被誉为塔里木盆地"绿色长廊"上一颗璀璨的明珠。该团境内地域辽阔，水源主要来自昆仑山的融雪水，流经小海子水库，灌溉网络发达，浇灌着这片丰饶的土地（图4-3）。团场（镇）内部、垦区之间以及与国道之间的交通比较便利，自1969年10月正式建团起，数十载春秋过去，勤劳的"编席子的匠人"的后裔们，与顽强的军垦战士一起，用脚步丈量过荒脊，用汗水浇灌出坚硬，用十指亲吻过荆棘，在这片重盐碱土地上重塑起古城新时代的辉煌！全团以农业种植与深加工为主产，种植棉花、西红柿、枸杞、瓜果、玉米等，兼营畜牧业，物产丰富，经济基础较好。

生态优势：生态环境改天换地。昔日分布在沙漠边缘、边境沿线、风头水尾的团场（镇）连队，通过大力治理和改善生态环境，"新栽杨柳三千里，引得春风度玉关"，寂寥西域成为塞外江南，绿色变革让兵团成为当之无愧的生态卫士。

红色旅游背景：新疆生产建设兵团肩负着党和国家所赋予的屯垦戍边伟大事业。兵团人遍及新疆各地，兵团不仅拥有丰富的旅游资源，更具有中国特有的自然景观和军垦文化。近70年来兵团历经创建、撤销、恢复，形成了独特的军垦文化、突出的兵团精神等。诸多脍炙人口的传奇故事，集中地体现了兵团人创造的物质文明、政治文明、精神文明和生态

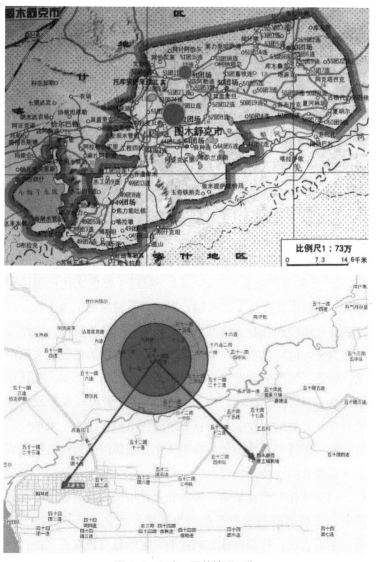

图4-3 五十一团的地理区位

文明，具有鲜明的时代性、教育性、体验性，是兵团红色旅游最独特、最有价值的资源品牌，并且沉淀出独具特色的兵团精神。

二、发展战略与定位：红色文化、红色番茄为主导的文化旅游规划

（一）两红双创文旅产业的策划实践

该团具有深厚的红色文化积淀，丰富的兵团红色文化资源，开阔平坦的大条田和纵横交错的水网系统为开展大型番茄种植提供了优势条件，通过挖掘兵团文化的时代价值，结合文旅产业带动团镇的实践经验，提出"红色文化 + 特色农业种植"的文旅创新模式，探索民族团场（镇）发展路径。

1. 规划的整体定位

"番茄 + 文创"农业模式，打造两红 IP 文化品牌。形成以"番茄"形象为产业品牌带动，以"两红"（红色文化资源体验开发、有机果蔬种植）为基础，以农产品精深加工为主导，以红色文化体验和农业文化创意、双创旅游服务为特色，以健康养老为延伸的特色小镇产业体系。开发以红色为主题的文旅产品，带着区域经济的发展，通过小产品、做出大产业。文化旅游成为 IP 延伸的有效载体，从而使得文化资源开发变成多次性开发。要做到深度融合，就要遵循注重要素融入、秉承生活真实性、坚持创新性转化、尊重文化发展规律等原则，使其成为文旅融合的产业开发逻辑。

（1）依托的产业基础。特色农业种植已经成为该团的基础产业。大规模的番茄农产品有机种植产业化，向高优特色农业、创汇农业、精细农业方向发展，走绿色有机农业之路，形成番茄、辣椒高效种植业集群，育苗和果蔬设施农业集群。

通过品牌策划与设计，建立两红双创的主导产业（图4-4）。番茄产品精深加工坚持从"农业经济"向"工商经济"的转变。利用农业资源、规模优势，延长农产品加工产业链，形成以农产品加工为主导的工业格局。培育与扶持具有差异化

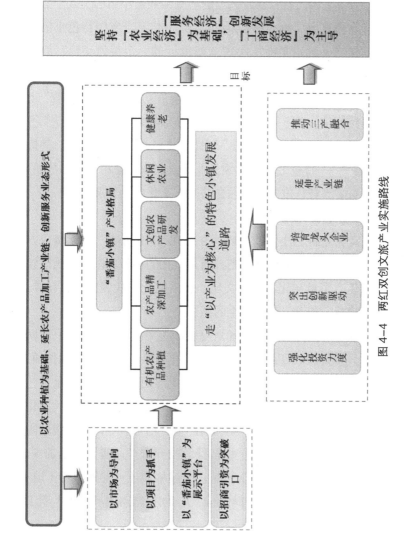

图4-4 两红双创文旅产业实施路线

发展的文创旅游特色产业。摆脱传统旅游服务业发展思路，通过发挥五十一团规模化农业、现代化农业经营基础优势，发展文创农业、休闲农业。

（2）它山之石：嘉善大云的巧克力甜蜜小镇的实践。嘉善大云的巧克力甜蜜小镇是浙江省第一批37个省级特色小镇创建单位之一，也是浙江距离上海最近的一个特色小镇。依托极具特色的巧克力、温泉、水乡、花海、婚纱摄影等旅游资源，大云围绕产业培育和旅游度假两大功能，紧扣"甜蜜"主题，充分整合"巧克力、温泉、水乡、花海、农庄、婚庆"等一系列元素，打造出"甜蜜"属性的特色文化（图4-5）。坚持走"旅游+"特色之路，引领工业旅游、农业旅游、文创旅游、休闲旅游等特色旅游产业融合共生，文化多元交融。

2. 特色体系构建

文化是特色小镇的灵魂所在，在"番茄小镇"文化塑造方面发挥兵团文化的传承原则，新兴文化的创新原则。发扬以丝路文化、军垦文化、知青文化、民俗文化为代表的开拓精神、奉献精神、和谐、包容共生的精神。

五十一团的特色小镇规划与设计为文创农业发展打下前期基础。将传统农产品进行美学、文化包装，提升农产品价值，如将特色农产品制作成果干果脯、果品手信、文创农业工艺品。侧重创新发展，创意结合。将传统农产品进行美学、文化包装，提升农产品价值，增加附加值，增加就业岗位，缓解团场（镇）老龄人口压力；将秸秆等废弃农产品进行艺术加工，创作成为消费者喜爱的工艺品，通过培训还可发挥团场（镇）老龄化人口的再创造、再就业能力，间接缓解团场（镇）职工老龄化压力。

创新文化，番茄主题，个性需求，创意体验。结合团场（镇）特有资源，利用现代化文化创新理念与关键技术，建设特色小镇，用农业文化景观形式打造小镇空间，主要采取种

品牌LOGO　　吉祥物——"云宝"　　上海外滩灯光宣传

喜善大云
JIASHAN DAYUN

4A景区/小镇空间　　文化论坛

图4-5　巧克力甜蜜小镇文化展示（图片来源：嘉善巧克力小镇大云"zhttp://zjnews.china.com.cn/Business/5946.html）

图4-6　农旅结合：特色示范的意向

（图片来源：华中科技大学城乡规划设计研究院）

植、装饰等方法与文化结合，在大地景观和园艺小品方面进行环境营造，开发农业休闲度假，游憩观光项目。将农业文化与游乐、欣赏、营销相结合，开发文创节事活动体验。在番茄小镇开发农耕体验、民俗集市、番茄大战、采摘节、篝火晚会等特色旅游项目。创新体验类型，满足游客个性化的消费需求，提高小镇开发项目的人群营销能力，包装以潮文化、萌文化、健康文化、爱情文化为指向的象征冒险精神和忠贞不渝、热情开放、健康生活理念等新文化。

（二）实施策略

将"番茄小镇"的开发放在全疆视野和兵团背景下，结合整个第三师及其周边地区的自然生态、田园风光、历史古迹、神话传说、民俗风情以及相关社会资源，进行整体规划、系统开发，分步实施。

具体而言，以老旧融合为原则，以保护与开发协调为立足点，以新区中心区域，番茄种植与深工厂、军垦演艺中心、新时代文明实践文化中心等标志性建筑为亮点，通过内涵丰富多彩的生产作坊、生活方式、军垦记忆、工艺美术、文化活动向周边团镇带动辐射，从而立体、鲜活、全方位展示军垦文化产业风情，吸引海内外游客休闲旅游、观光体验。打造走进产业小镇、感受产业魅力、体验军垦文化、度享休闲时光的"特色产业＋红色文化"文旅融合项目的典范。具体从以下方面开展实施：

品牌建立——以番茄种植为主导，兼顾辣椒、苹果、红枣、香梨等特色果蔬，升级农产品往有机产品方向发展。

形象设计——设计番茄 IP 为城镇代言，同时对城市雕塑、城市家具、路灯、广告牌等进行系统设计，突出主题（图4-7）。

活动开发——开发节庆活动，如"番茄节"。其间开展休闲采摘、巴扎日（民俗集市）、篝火狂欢等活动，打造文化

图 4-7　红番茄主题 IP 形象设计意向
（图片来源：华中科技大学城乡规划设计研究院）

品牌。

　　空间营造——健康城镇空间标准，连贯的慢行交通系统，完善休闲空间体系，开展"重环境营造，轻建筑建设"的空间设计原则与实施策略（图 4-8）。

　　（三）组织模式

　　"合作社＋产业户"模式，大力支持特色产业能手成立文化旅游合作社，吸纳脱贫户共同参与农业生产＋旅游项目开发。

　　从地理位置和发展优势来看，第三师图木舒克市其他团场（镇）都没有五十一团的独特区位，团部在城市之外，连队在

图 4-8 主题 IP 形象在节点空间应用

城市周边，具有典型的"农村包围城市"的格局，连队群众去城里的企业打工，距离只是出家门进厂门的几步之遥，早出晚归地过着产业工人的日子。城里人节假日外出休闲，走几步就到了连队的田间地头，一树杏、一园桃、一架葡萄、一碗茶，都可以成为连队群众的收入来源。因势利导，按照"立足城郊、服务城市"的思路，积极推进"一连一品"产业发展，采取"企业＋合作社＋农户"模式，着力发展连队养殖业、设施农业、林果业的"三大产业"，打造城市肉篮子、菜篮子、果篮子的"三个篮子"；利用创业园、扶贫车间、招商引资"三大引擎"，营造旅游、休闲、农家乐的"三大基地"，拓展产品深加工、服装加工、玩具加工"三项加工"的劳动密集型产业，为连队富余劳动力提供更多的就业机会，拓宽职工群众增收致富渠道。

（四）番茄小镇目标客群：本地居民＋旅游客群＋常驻创客

本地居民：提升城镇环境，完善公共服务设施，为常住居民营造一个环境优美舒适，有丰富文化内涵的幸福家园生活空间。

旅游客群：追求独特性、体验性与健康的都市休闲度假客群，对兵团文化、潮萌文化、健康养老等感兴趣的游客群，主要针对包括乌鲁木齐市、库尔勒市的城市居民，内地追求个性化体验的游客和养老客群等。

常驻创客：政府参与带动文创集聚效应，吸引高素质人才、自治区乃至全国文创艺术家、手工艺人集聚，培训本地居民，调动闲散的退休人口，推进"大众创业万众创新"。

南疆兵团小城镇建设有大型国有农牧场、兴办职工家庭农场，为开展大型特色农业文化旅游产业提供了先天基础。兵团团场（镇）深入推进人居环境提升与治理体系和治理能力改革创新，实施科教兴兵团战略，加快创新型兵团人居环境建设，科技服务、红色文化资源开展、民族团结事业的突飞猛进，使兵团职工群众安居乐业，脱贫攻坚顺利推进，民族团结水乳交融（图4-9）。要充分利用兵团小城镇自身优势，走差异化发展的新路径，推进美丽连队建设，打造农家乐、休闲采摘园等特色乡村产业，力促乡村振兴。随着基础设施和公共服务的持续改善，延续条田肌理，方格网式路网结构，景观情景多样化设计，鼓励慢行交通。一个个连队干净了、变美了，职工群众的精气神也发生了改变，民族团结，社会稳定发展的局面也会持续向好。

第三节 微观层面：五十一团十九连幸福连队规划实践

兵团团场（镇）分布在新疆全域内，文化资源活用开发过程中存在产品同质化、体验互动弱，缺少特色品牌示范项目等多种问题。倡导将差异化的创意旅游理念、集群共生理论等引入兵团团场（镇）群整体开发研究中，提出了分级、分层、分类的规划策略，形成区域［团场（镇）］—节点（连队）—要素（空间）创意旅游开发模式。从整体层面提出连队创意主题策划。从节点层面，围绕特色文化资源基因，提出红色文化型、绿洲生活型、连队生产型、特色民俗型、专项类创意旅游产品。围绕创意空间（产品）开发，从要素层面将创意符号、创意内容融入文化活动、空间场景、景观营造、展示设计中。同时，分别从整体文化产业发展、要素创意融入角度，提出特色连队规划与创意旅游开发路径。为基层连队的旅游扶贫、乡村振兴、文化资源保护与活用提供正确的发展方向。本节以五十一团十九连美丽乡村规划为样本，探讨基层连队人居环境

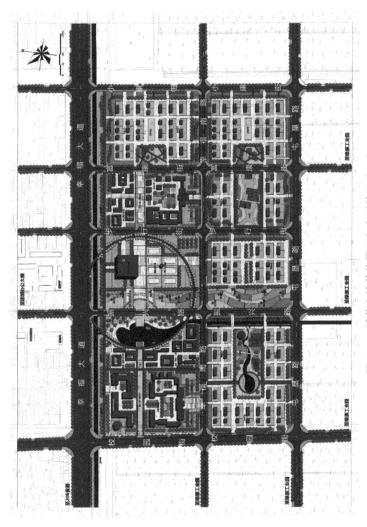

图 4-9 番茄小镇整体平面与鸟瞰效果（一）

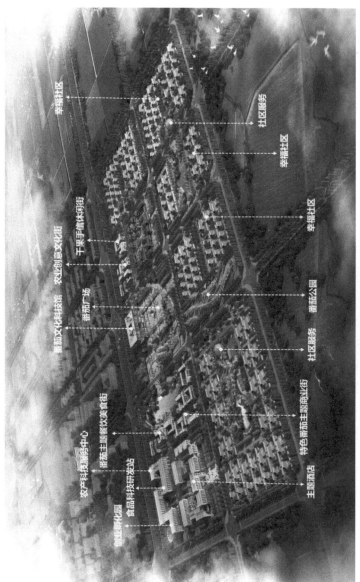

图 4-9 番茄小镇整体平面与鸟瞰效果（二）

社区服务

幸福社区

幸福社区

幸福社区

番茄公园

社区服务

特色番茄主题商业街

主题酒店

食品科技研发站

创业孵化园

农产科技孵蛋中心

番茄主题餐饮美食街

番茄文化科技馆

交流创意文化街

干果手情休闲街

番茄广场

幸福社区

提升和文化遗产保护模式。

　　依托该连新建居住点"幸福连队"来设计环境美化方案，对职工开展幸福连队的宣讲及培训，包括美丽乡村建设、庭院建设与管理、庭院观赏植物栽培养护技术等内容，进行观光农业园区的规划设计、种植技术培训指导、经营管理咨询，开展温室的生产管理和体验旅游经营管理培训，助力"幸福连队"建设，提升居住点景观环境质量，丰富地方产业结构，帮助职工发展多元经济，提高职工收入。

一、整体空间的创意旅游规划与实践

　　如何推进农业提质增效、增强农业农村发展活力、激活乡村振兴动能？研究提出基层连队要以"产业引领、生态引领、党建引领"为抓手，举网抓纲，一体推进。在规划设计中，团场（镇）区域内特色连队可以利用资源整合和差异化发展的理念，采取空间集聚的组团式规划方式，采用组团式一体化共生模式的特色文化资源类型，根据集群共生理论的共生单元选择条件（连队群的共生单元空间联系较为紧密，连队群共生单元的特色文化资源条件有利于整体共生，连队空间共生单元规模适中），选择共生连队和特色连队并行发展，形成共建共生共享的特色景点。

（一）整体规划的资源基础

　　1.整体概述。十九连是第三师图木舒克市团场（镇）五十一团中以农业为主的连队。该连队所处位置属于典型的边远贫困地区、边疆民族地区。五十一团根据《第三师图木舒克市推进幸福连队建设实施意见》，提出了《前海镇九连实施乡村振兴战略推进幸福连队建设实施方案》，努力建设"宜业、宜居、宜游"的现代化连队，切实提升职工群众的获得感、安全感和幸福感。

该连位于塔里木盆地西部叶尔羌河、喀什噶尔河流域，其东与塔克拉玛干沙漠毗邻，西与帕米尔高原相连，北倚天山，南接喀喇昆仑山。地貌特征表现为平原、沙丘等。市内的麻扎塔格、图木舒克等山，呈西北—北走向。境内河流有突来买提河、克列根河以及小海子水库等。气候属温带极干旱荒漠气候，日照时间长，昼夜温差大，年平均气温 11.6 摄氏度，最热月（7 月）平均气温 25 摄氏度 ~ 26.7 摄氏度，最冷月（1月）平均气温 -6.6 摄氏度 ~ 7.3 摄氏度，年平均无霜期 225天，年降水量 38.3 毫米。无霜期长，昼夜温差大，适宜于北温带和亚热带地区的多种经济作物生长，特别适宜棉花和瓜果栽培。十九连紧邻省道，交通便利，地理位置优越，有利于发展成为连队的居住集中区。位于 S217 省道南侧，交通条件较好，向西连接五十一团团部，向东连接五十三团。

2. 显著的景观特征。具有叠加在自然基底层之上的景观特征，植物资源丰富，2017 年 10 月，被授予国家园林城市。植物资源有次生胡杨林、甘草、肉苁蓉、罗布麻、野西瓜等。自然风光资源包括的旅游景点有西海湾度假村、胡杨度假村、月牙度假村、小瑶池、怪石沟、化石沟、千年胡杨王等。水资源丰富，城市西南库容 7 亿立方米的小海子水库，是绿洲的生命之源。从图木舒克市辖区内 13 个景观特征区域的文化资源的分析总结得出，不同历史时期的屯垦实践，造就了多样化农业景观为主导的整体格局，奠定了兵团南疆小城镇文化景观的基本结构：它们通过直接构成农田地块的边界（主要是自然河流与人工渠系等元素）影响了地块的形态，从而界定了土地分割模式；团场（镇）和防护林带覆盖模式则间接强化了景观的格局。新型的农业用地叠加于历史景观结构之上，水系和土地分割是塑造文化景观结构的基本特征，土地利用、聚落和树木覆盖模式则是次要特征。

图 4-10 多元化的文化类型（一）（韩卫民 供图）

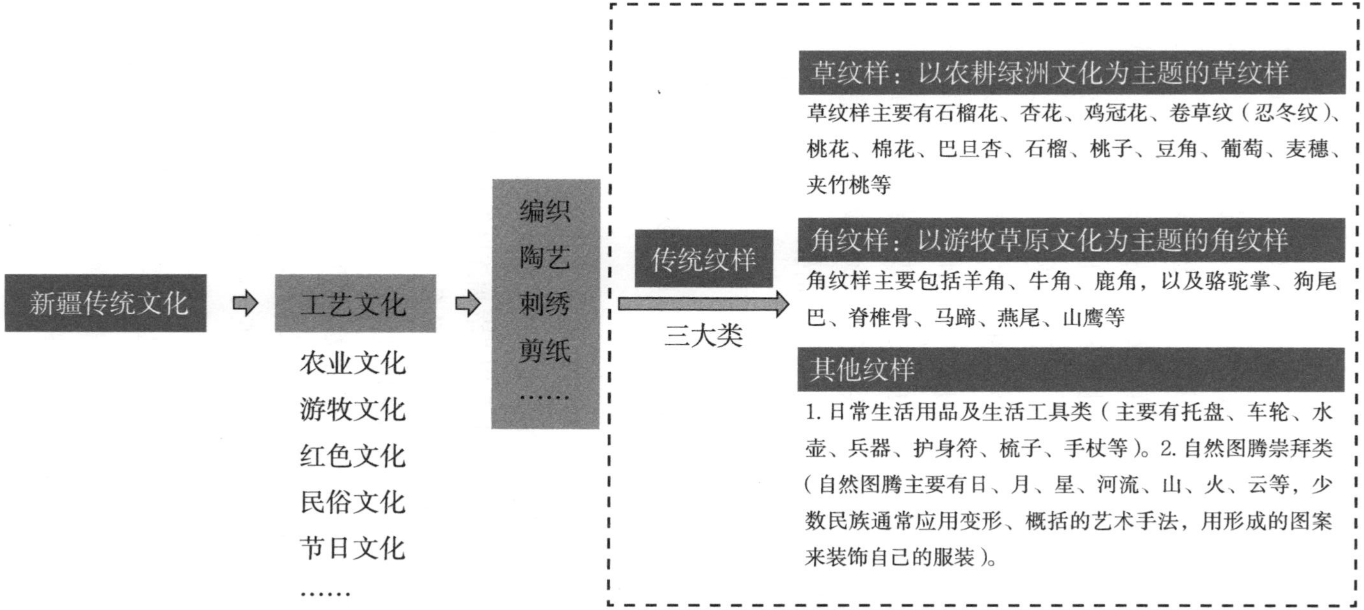

新疆传统文化 → 工艺文化 → 编织 陶艺 刺绣 剪纸 …… → 传统纹样 三大类

农业文化
游牧文化
红色文化
民俗文化
节日文化
……

草纹样：以农耕绿洲文化为主题的草纹样

草纹样主要有石榴花、杏花、鸡冠花、卷草纹（忍冬纹）、桃花、棉花、巴旦杏、石榴、桃子、豆角、葡萄、麦穗、夹竹桃等

角纹样：以游牧草原文化为主题的角纹样

角纹样主要包括羊角、牛角、鹿角，以及骆驼掌、狗尾巴、脊椎骨、马蹄、燕尾、山鹰等

其他纹样

1. 日常生活用品及生活工具类（主要有托盘、车轮、水壶、兵器、护身符、梳子、手杖等）。2. 自然图腾崇拜类（自然图腾主要有日、月、星、河流、山、火、云等，少数民族通常应用变形、概括的艺术手法，用形成的图案来装饰自己的服装）。

图 4-11　多元化的文化类型（二）（韩卫民　供图）

（二）人文历史资源

十九连辖区内具有类型多样的文化遗产。既有历史积淀深厚的古代丝路文化遗产，同时也有近现代兵团文化遗产（图4-10）。如唐王城遗存：唐王城（托库孜萨古城）是古丝绸之路上龟兹与疏勒间的重镇。汉朝时为尉头国领地，唐代时称尉头城，据考证，该城是建于公元4世纪到12世纪初的城垣遗址。四十姑娘坟与传说："四十姑娘坟"的传说是关于新疆刀郎人的传说。21世纪以来，中外考古学家及当地居民发现了大量有含龟兹、索特文的文书。兵团文化，兵团军垦文化是兵团在半个多世纪屯垦戍边历史中逐步形成的一种有着独特内涵的文化类型，体现中国共产党和人民军队的光荣传统和优良作风，是中华民族精神的具体体现和传承发展。

（三）整体规划与设计思路与内容

以保留历史文脉为基础，美丽连队建设为设计目标（图4-11），具体从以下方面开展：

1. 居住点设计。公共空间景观美化服务调研在分析五十一团和十九连的历史背景、文化传统以及植被、气候、水文、土壤等自然条件的基础上，以"幸福连队"为主题，突出文化振兴、生态振兴的理念，进行连队公共空间景观设计。主要包括十九连新建居住点街道绿化设计。

2. 庭院景观设计。规划设计职工提供庭院的设计方案。根据连队《农村人居环境整治三年行动》《第三师图木舒克市推进幸福连队建设实施意见》《五十一团实施乡村振兴战略推进幸福连队建设实施方案》等上级文件精神，结合连队职工的愿望、习俗与传统提供庭院景观设计与施工指导服务。

3. 景观廊道设计。S127省道紧靠十九连而过，交通流量大。计划在十九连S127省道旁修建一条兼具生产功能的

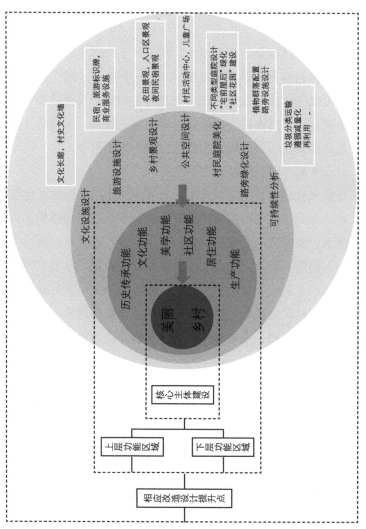

图 4-12 整体规划设计体系框架

景观廊道，打造十九连的地标景观，形成生态防护带，降低S217省道对连队居住点的干扰。景观廊道以吊干杏等特色水果为主体，配置适合低成本维护管理的景观植物。在生产水果的同时，开展采摘体验旅游服务，与温室观光游览形成组合经营。

4. 温室园区规划。根据五十一团《五十一团连对实施乡村振兴战略推进幸福连队建设实施方案》，十九连计划在连队东南侧建设温室园区。以生产特色果蔬为主，结合采摘体验等观光旅游项目，丰富连队产业结构，增加职工收入。本团队计划为十九连提供温室园区规划和经营管理的技术服务。

5. 人才服务项目的技术培训

开展园林绿化技术培训讲座。为五十一团培养园林绿化管理人才，提高连队居民的庭院美化管理水平。定期聘请相关科学、艺术、农业方向专家，对村民进行培训，提升村民精神生活品质，促进一产三产融合。通过大力发展农副产品加工等劳动密集型产业和民族特色手工业，积极吸纳地方民族劳动力来场就业，帮助民族群众就业增收。并在标准畜群建设、设施农业种植技术等方面，采取传帮带等方式培养周边民族技术人员（图4-13）。

五十一团十九连自然环境资源丰富，可以将乡村旅游与农业景观相结合，对村民的庭院、房前屋后的绿化等环境进行改造。结合乡村振兴和新型城镇化建设以及脱贫攻坚的现实要求，做出生产型、生活型、文化型、旅游型美丽连队景观设计方案（图4-13）。

乡村休闲：充分利用五十一团十九连的广场和民宿庭院，为游客提供住宿、休闲、娱乐等项目。

郊野民生：乡村旅游已经是城市工作者利用短暂假期和周末的首要娱乐项目。

民族文化：挖掘具有本土特色的民族文化，不仅是对美丽

图 4-13 专业技术人员的科技服务

南疆兵团民族特色团场（镇）文化资源保护与发展研究

图 4-14　连队整体设计平面图和鸟瞰（一）

106

图 4-14 连队整体设计平面图和鸟瞰（二）

乡村建设的文化输入，更是对这片场地历史文脉的理解、表达与传播。

总体布局为一轴两带三园四节点：一条传统文化轴，两条生态景观带，三个特色公园、农业观光园、运动主题园。融入新疆传统文化符号，强化各节点主题特色。轴线：主轴线广场铺装设计选取新疆特色纹样，运用标志性线条将整体地块串联起来，突出四大人文节点，并穿插设计小型节点，丰富场地空间层次感。肌理："角纹样"肌理纹案。铺装：采用纹样铺装，通过不同的材质变化体现纹样肌理。景观：分层次打造，从地面景观塑造纹样地景效果。

二、院落、公共空空间的人居环境提升与创意设计

院落、公共空间等是连队品质提升的重要元素，指连队整体空间结构中组织和引导特色空间的中心区域，节点可认为是文化旅游活动组织、管理、交通等的中心，是创意旅游开发的重点和亮点之处。

（一）连队庭院的景观提升

院落宅旁和庭院作为村民住宅的私有空间以及村庄的重要空间单元，其绿化不仅重要，且具有一定特殊性。人为的塑造对于其最终形成的面貌有着同样重要的作用。在社会发展的过程中，人文、经济等人类活动也深刻地塑造了宅旁和庭院绿化的样貌。本研究打造的乡风文化型庭院基本保留原始景观，属于原生型庭院。保留连队职工群众的日常生活、人文文化的相关物件作为乡村庭院景观元素。宅旁和庭院常被开辟进行果蔬种植，成为兼具生产功能的生活空间，自然形成了菜园、果园式的庭院景观空间。

设计理念：该模式主要以木质廊架、民族绣样花纹为主要

元素，南疆村民会亲手编织廊架作景观廊架，在廊架周围种植廊架式农作物使其形成天然生态廊架。

　　设计前后对比：设计前，庭院门口空地堆放杂物；设计后，庭院是外廊形成的生活区以及前庭花园。

　　突出连队主轴线景观引导与示范，中心广场成了乡民主要

图4-15　特色庭院空间改造方案

的休闲活动地，广场周边村民自发开展了小型便利店、超市、农家乐民宿等，院前、门前的葡萄藤爬满廊架，广场周围也增加了临时水果售卖摊位，丰富了空间内容，提升了院落整体品质（图4-14）。

（二）连队公共空间设计

红色文化场地改造为新时代文明服务中心（站），利用连队20世纪70年代承建的农机服务站。老建筑蕴含着那个时代的信息，也就是时代感，作为红色文化遗产，新时代应该发挥其时代特征。本研究根据其周边环境和保存现状，对建筑表皮和内部功能进行规划设计，形成多元性的开发空间（图4-16），服务连队职工群众和游客，并作为向村民开放的社区文化活动中心，在满足民族团结活动、文娱活动、文化学习、农户技术交流、文化旅游服务等的空间功能要求的同时，也是一个向街区开放的文化公园，村民们可以聚集在此，运动健身、文艺活动、休闲娱乐，成为日常生活的重要场所。

便民广场担负着为群众提供新鲜、优质、丰富商品以及各种便民服务的功能，与群众生活息息相关，在保障居民消费需求方面发挥着重要作用（图4-17～图4-20）。

三、重点节点设计：生活宜居与创意文化

重点节点层面"承载空间和活动容"包括创意空间、创意商品、创意活动、创意景观、创意场所。创意空间是指产品空间和场所的装饰、氛围营造、体验活动与项目的设计；创意商品包括农产品、民俗产品；创意活动包括创意民俗、创意农事、创意民俗用品制作；创意景观包括建筑景观、道路景观、汀步景观、亭台景观、标识景观、景观小品、景观墙面、田园景观、休憩景观、游乐景观；创意场所包括创意节庆、祭祀、

图 4-16 团场（镇）十九连创客空间改造

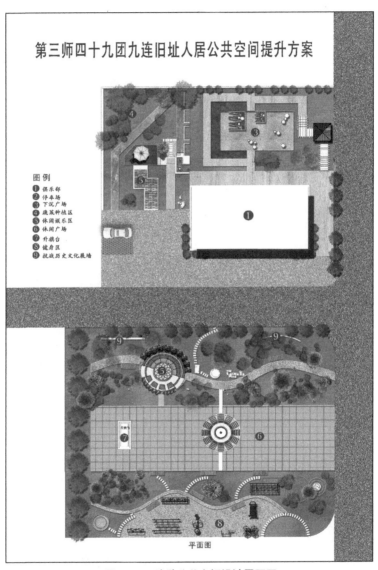

图 4-17　连队公共空间设计平面图

党政文化墙

文化中心广场夜景（二）

村史文化墙

文化中心广场夜景（一）

4-18 连队文化广场景观设计效果

广场入口景观

军垦文化雕塑

4-19　连队新时代文明实践中心设计效果

新时代文明实践中心

4-20 连队文化站设计效果

第四章 『特色产业＋文创旅游』规划实践与示范

115

习俗、集市场景。通过挖掘、提炼、升华文化基因资源要素，激活文化内生动力，将设计符号元素运用到创意空间、创意景观打造中。基于讲述故事等方式，全方位、立体性对游客视觉、听觉、味觉、触觉、运动体验等进行创意活动、创意场景项目设计，打造能深入旅游消费者内心的旅游产品。

（一）创意景观。红色文化主题广场发掘和利用红色文化独特的价值功能，提倡崇高思想境界和革命道德情操，传播其理念、彰显其精神有利于红色革命精神深入人心。红色文化墙将广场打造出围合宜人的多元空间，职工群众可在安静的环境下休闲与学习。

（二）生活宜居空间。提升人居环境，完善了十九连的公共景观绿化，增加了林下休闲广场、休闲座椅、雕塑小品、垃圾桶等，提供了村民生活休闲的空间。村庄内配齐了消防设施、照明及监控设施，保障人们夜间在广场上散步、玩耍、跳舞、唠嗑。村庄内部分景观增加适老化设计，如坡道、扶手、老年人健身器材等，提升老年人的生活舒适度（图4-21）。

（三）以美育人，以文化人。广场和景观中都融入了中华民族标识性文化元素与色彩、纹理等，在民族聚居区展示与阐释中华民族共同体的价值内涵，通过场所和特色的标识物，以美育人，以文化人，在环境中体验中华民族文化的魅力，筑牢中华民族共同体意识，有利于民族团结和社会稳定发展，如图4-21在节点位置设置具有中华民族共有标识的传统文化符号的信息指示牌，同时融入地方民族风情，具有润物无声、增强国家认同、维护民族团结的多元功能（图4-22）。

（四）街道环境整治。以"弘扬兵团精神，做表率、创业绩、当先锋"主题实践活动为载体，合力攻坚团场（镇）街道空间的环境整治，深入开展爱国卫生运动，从而使边境生态建设得越来越好，成为边境特色的"塞罕坝"和美丽宜居的生态团场（镇）（图4-23）。

生态景观　　休闲座椅　　林下休闲广场　　造型景观花池　　景观廊架

4-21 连队文化广场景观设计效果（一）

老年健身广场　　休闲座椅　　景观廊　　垃圾桶

4-21　连队文化广场景观设计效果（二）

特色纹理铺装　　　　民族文化雕塑　　特色纹理铺装　　　树下休闲座椅

4-22 连队文化广场景观设计效果（三）

4-22 连队文化广场景观设计效果（四）

南疆兵团民族特色团场（镇）文化资源保护与发展研究

图 4-23 连队不同层级的街道改造（一）

图 4-23　连队不同层级的街道改造（二）

第五章
启示与展望

第一节　资源共建共享坚持"兵地一盘棋"思想

党的十九大提出区域发展新规划，地区发展动力由区域竞争转变为区域合作。[①]兵团文化资源保护始终坚持"兵地一盘棋"思想，突出兵地文明共建，民族团结共创这一主题，持之以恒地坚持兵地融合发展。加强民族团结、开展兵地自然与文化资源共建共融共享已成为兵团与地方经济、社会、文化、生态等共同发展的核心准则。经过近70年的发展，目前已形成一种独特的兵地共建文化。

落实上层规划，推动区域联合。落实中央新疆工作座谈会提出的长期建疆方略，以推进治理体系和治理能力现代化为保障，多谋长远之策，多行固本之举。积极推动区域的发展与地方的稳定共同推进的发展模式，形成兵团与地方共同管理的区域联结体系。保证兵团第三师与乌鲁木齐市在项目共建、社会治安、资源共享、文化传播等方面达到各尽所长，共同推动区域的作用资源优势突出，区域联动作用。兵团始终坚持走农业现代化之路，大规模引进、吸收、研发和推广先进生产技术，持续开展规模化、机械化、现代化国营农场建设，开创了新疆现代农业的先河。[②]着力做好团场（镇）的乡村振兴工作，发展"集体化绿洲农业＋红色文化"深度融合旅游，民族团结和经济发展的重要路径。

[①] 朱剑利.额敏县、兵团第九师融合发展问题的实证研究［J］.兵团党校学报，2018（1）.

[②]《新疆生产建设兵团的历史与发展》白皮书，http://www.scio.gov.cn/zfbps/ndhf/2014/document/1382598/1382598_2.htm.

第二节　文化资源保护的生态与民生发展协调

新时期兵团民族聚居团场（镇）发展是全面建成小康社会的关键。第一，兵团民族团场（镇）的发展有助于推动全面、协调、可持续发展。第二，兵团民族团场（镇）的发展繁荣有助于民族团结和社会稳定。第三，兵团民族聚居团场（镇）的发展有助于边防的巩固。第四，做好新时期兵团民族聚居团场（镇）扶贫开发有助于推进屯垦戍边的文化认同，增强兵团的凝聚力和向心力。

一、生态保护优先发展的理念

生态基础来之不易，要有开源节流的生态观。兵团把区域生态环境建设摆在突出位置，通过大规模植树造林、兴修水利、防风固沙、排盐治碱、节水灌溉，对80万公顷的荒漠植被采取封沙育林育草等措施，逐步建起环绕塔克拉玛干和古尔班通古特两大沙漠的绿色生态带，形成乔木、灌木、草场结合的综合生态防护林体系，在茫茫戈壁荒漠上建成了绿洲生态经济网，改善了沙漠边缘的生态环境，创造了"人进沙退"的奇迹。人工新绿洲的保育，旅游开发的先决条件是保护自然和人文环境，如果不能遵循这一规则，旅游开发也只是换了一个地方来进行千篇一律的出行体验。团场（镇）旅游规划要注重保护自然生态环境和人文环境，主动承担保护生态和文化多样性的责任。在规划设计实际当中，对旅游环境的生态平衡和协调发展有保护的作用，遵循着最大保护利用旅游资源和最小环境伤害的原则。

二、着力建设美丽团场（镇）

自然环境资源与人文景观资源充分发展其新时代价值。积极推进民族地区团场（镇）可以将乡村旅游与农业景观相结合，对团场（镇）职工群众的街区景观、公共空间、庭院、房前屋后的绿化等环境进行改造。着力加强生态文明建设，兵团多数团场（镇）建在沙漠边缘和边境沿线，是抵御风沙袭击、保护新疆绿洲的第一道屏障，绝大多数团场（镇）实现了农田林网化，80%以上农田得到林网的有效保护。[①]结合乡村振兴和新型城镇化建设以及脱贫攻坚的现实要求，提出生态型、生产型、生活型、文化型、旅游型美丽团场（镇）人居环境与文化旅游规划设计与实践。

第三节　人才保障与项目示范

一、"授之以渔"的人才保障

在正值百年未有之大变局的时代，项目蓄势而为，搭建多学科融合的优势平台，力图开拓和掌握多领域研究的国际话语权，将兵团民生建设经验展示好、宣传好、活用好。分类施策，拓展乡村人才来源渠道，建设"新农人才"库，让更多的有能力有理想的人能够躬耕乡野，大有作为。

专家队伍引进与自我培养。面向南疆师市人居环境现状和红色文化保护利用基础理论的需求，部署提升团镇基层人居环

---

① 《新疆生产建设兵团的历史与发展》白皮书，http：//www.scio.gov.cn/zfbps/ndhf/2014/document/1382598/1382598_2.htm.

境和文化空间建设的基础研究重点任务，促进城乡规划学、园林设计学、建筑学、产业经济学等学科同南疆宜居宜产宜生的环境建设深度融合，加大对口援疆区域人才和本地人才的组团式队伍跨学科研究的支持力度。

支持兵团高校、地方企业的科技人才在团场（镇）科技创新，文化扶贫方面，争做领头羊，用好照顾好留得住、干得好、示范强的人才，让其充分发挥人才带领团场（镇）脱贫致富、产业兴疆、文化润疆的重担，为打赢脱贫攻坚战、全面建成小康社会发挥重要作用。人才引进方面重点着力引进符合兵团资源特点的生态文化景观保护、文旅融合的特色团镇示范，红色文化深度展示与传播等方向的人才，为南疆人居环境生态保护与品质提升实践提供理论指导和科学依据。

将优异答卷写在中国大地上——脚踏实地，久久为功的创新实践。立德树人的人，必先立己；铸魂培根的人，必先铸己。牢记习近平总书记对艺术实践者提出的要讲品位、讲格调、讲责任的要求，作为新时代的艺术工作者要下真功夫、练真本事才能扎根边疆、奉献边疆。新时代新征程要有准确的历史观、科学观、人文观、生态观，人居环境建设者准确全面践行习近平总书记"绿水青山就是金山银山"的"两山"理论，引领乡村振兴战略开启建设美丽中国的变革性永续发展的实践。这些年，艺术工作者、人居环境建设者坚持以人民为中心，坚定向"美"而行，推进生态文明建设，全面推进乡村振兴示范样本，依托各地自身资源禀赋，开展差异化发展的创新实践。如兵团小城镇人居环境高品质发展实践中充分挖掘红色资源，整合绿色生态资源，深度融合兵团红色人文特色，打造多层级的"红色文化＋绿色生态"的文旅主题乡村振兴项目，唱老兵歌、住军垦屋、走老兵路、吃军垦饭等体验已成为爱国主义教育与休闲文娱体验的"标配"，依托绿色的生态环境和红色文化特色探索出一条"红色＋绿色"文旅产业融合发展之路。

"红 + 绿"成为人居环境高质量新发展的重要导引,探索生态生活生产"三位一体"的人居环境建设新途径,让美丽城乡建设落到社会主义现代化强国目标的实处。

二、因地制宜量体裁衣——保护与规划

兵团红色文化资源为核心的井渠团场(镇)群规划关注两个层面:一是按照兵团与地方文化历史遗存、绿洲城乡风貌、民间风俗保持程度制定因地制宜的保护与开发目标和对策;二是以连队为绿洲基本单元,研究确定重点开发连队或者空间节点,制定分级分类推进的目标对策。第一师红星团场(镇)就是一个值得学习的案例,是一个人文特色突出、特色文化产业突出的美丽团场(镇)。从此案例中,得出"适度、适群、适法"规划与发展原则。

1. 适度:根据团场(镇)资源禀赋进行差异化保护与开发。

2. 适群:坚持以业聚人、以居会人、以景聚人的井渠聚落深度利用和广度开发为前提,因地制宜地促进文化遗产景观与特色团场(镇)景观共生。

3. 适法:坚持生态资源用养结合,保护优先的生态原则,制订保护与规划方案,不同程度的团场(镇)差异化的协调发展。

规划与示范。以乡村振兴下团场(镇)—连队—空间节点的规划与设计为抓手,示范为目标,发挥团场(镇)文化遗产与乡村振兴的内外协同机制。① 优秀兵团文化资源的整合。形成红色文化遗产与传统城乡聚落的"点状布局、线状串联、区域联动"网络化空间耦合机制。② 区域差异化特色主导复合产业培育。③ 建立长效的"以人为本、共建共享"工匠人才传承与创新机制,健全兵团城乡聚落中特色人才培育及提升居民

生活幸福指数。

品牌培塑：突出特色与品牌塑造。文化资源禀赋下兵团团场（镇）特色产业资源保护与开发模式的理论构建；打造兵团红色文化＋农业精品工程的"红＋绿"特色人居环境和产业模式。对南疆兵团小城镇休闲文化、农业精品地打造和精品线路的规划与推介；围绕红色文化突出团镇，开发融合爱国文化、廉政文化、修身文化等特色文旅产品与品牌营造。

景产融合："特色农业产业化＋文创旅游深度融合的创新产业"关键技术应用示范；集三个"尊重"，凝聚兵团红色文化与旅游发展新合力。尊重多民族地区优秀文化，促进兵团文化资源共建共享，发挥兵团先进文化示范区的聚合与辐射效应。尊重生态环境，尊重兵团小城镇居民意愿，坚持"产业发展、职工优先"，让团场（镇）职工成为兵团文化和旅游的开发主体、管理主体和受益主体。

示范推广："兵团正在紧密对接'一带一路'建设，以'中国屯垦旅游'为主体品牌，以'红色文化游'为特色，积极推动文化和旅游融合发展，以传承红色基因为核心，深入挖掘红色旅游精神内涵，大力提升红色旅游发展质量，进一步讲好兵团故事，打造全国红色旅游新标杆。"创建多层级红色文化与旅游融合发展示范点，推动区域联动高质量发展。坚持以统筹规划，明确红色文化景观＋特色农业（特色工业）景观为支撑的人居环境依托方向。编制以兵团人居环境与旅游发展融合的一张总图，一盘棋的发展规划体系。编制"大格局，小落地"的团镇为实施点的《兵团特色团镇人居环境与产业融合实施方案》，指导示范推广。

以南疆兵团民族特色团场（镇）风情带地理单元和民族文化单元相对独立完整的特色村镇集中连片地区或廊带为实践探究点，重点示范第三师五十一团，展示融合红色旅游、农业观光、沙漠体育休闲等资源，对人居环境提升、特色产业培育等综合技术的应用、预期特色产业小镇建设方面的实践经验。在团场（镇）旅游规划设计中要遵循因地制宜的原则，尽可能地保留团场（镇）原有的特色，不轻易改变原貌或者增加建筑物，要让游客更好地体验不同于一般小城镇的风情，发扬和传承兵团文化。

三、春风化雨沁人心：以美育人、以文化人

从优秀的传统文化中继承与创新——正本清源，守正创新的同步同伐。习近平总书记在《讲话》中表达了对艺术教育事业的重视，对做好美育工作，弘扬中华美育精神的期望。美丽人居环境具有社会美育的功能。环境美育是实现社会美育的重要途径，用好源头和活水，通过守"土"，才能纳"新"。兵团高校要始终坚持为党育人，为国育才的宗旨，坚持"以兵团精神育人，为维稳戍边服务"的目标，在教学中始终将自己定位为环境育人探索者与实践者，从中国传统人居环境营造智慧中汲取营养，"立古人之基，筑时代之峰"，努力在中国传统人居环境艺术和新时代人们之需求间搭建起一座坚实艺术之桥。作为人居环境建设者应该在继承的基础上，写就新时代工匠精神的新篇章，使广大人民既能从中看到古人营造栖居之所整体格局中展现的天地人和的哲学之美、院落形态的形意之美、砖木结构的科学之美……，同时通过历久弥新的创新继承与创造发展，相得益彰的互补互证，实现中华优秀营造智慧的转化创新。以实践创新满足人民的时代审美和宜居宜业的高质量人居环境需求，不断实现人民对美好生活的向往。

站在新的历史起点，兵团将以社会主义核心价值观引领文化建设，大力创作生产彰显兵团特色、展现兵团风貌、弘扬主旋律、传播正能量的新时代优秀文艺作品，加快文旅融合发展，更好发挥兵团文化的示范引领辐射作用。兵团注重加强红

色资源保护、思想内涵挖掘，大力提升红色旅游基础设施条件和服务水平，多点培育和建设具有发展基础和潜力的重点红色旅游项目。弘扬兵团特色文化，积极融入群众生活，将兵团文化与地方文化相互结合，融入城市建筑、公共绿化或者社区活动等方面。通过各种渠道，进行不同形式的精神文化传播，使文化价值交流的方式更多地接近居民的生活。在报刊亭、文化长廊、游憩广场等处设立更多的文化传播节点，举办多彩文化共建活动，达到兵地之间更深层次的交流与融合。

结语

本研究以民族团场（镇）的特色小镇建设推动兵团团场（镇）特色文化资源保护与活态利用为核心，探讨"文化润疆"背景下作为城乡统筹背景下乡村再生的一项重要举措。

（一）研究结论

1. 兵团红色资源与地方民族特色的深度融合是深刻影响国家认同的重要路径

"特色农业+红色文化"模式的深度旅游活动会在游客的旅游体验中对其产生潜移默化的正向影响，通过对边境线团场（镇）的文旅开发，带动当地经济水平提升，人居环境大幅度改善，民族团结事业进一步稳步发展，同时通过对中国民族共同文化认同影响，提高团场（镇）广大职工群众的文化自信和民族自豪感，有利于促进民族团结与社会稳定，同时实现兵团小城镇的多元化发展。

2. 发挥南疆兵团团场（镇）红色资源连片优势，打造寓教于乐的美丽连队

让兵团与地方职工群众享受便捷的红色旅游体验，能够深化兵团在新疆社会主义建设的历史记忆，通过感受兵团精神和

胡杨精神的文化浸润，实现国家认同。充分利用红色资源和地方资源带动经济发展的同时，通过爱国主义旅游基地建设和不断进行的红色旅游活动，潜移默化地影响人民文化认同和政治认同，加深红色文化的社会记忆，实现其功能认同的社会效应，促进人民对中国共产党的深刻认识，对增强民族自豪感、实现民族团结和凝聚力、实现中华民族繁荣复兴具有深远而重要的意义。

（二）对策建议

要突出重点、整合资源、分步推进，构建就近就便嵌入式发展、应急处突的战略布局；要坚持能快则快原则，完成好南疆重点团场（镇）的建镇任务和改造提升工作；构建"区域团场（镇）—连队—核心节点"三级联动的分层分级分类规划与设计，营造区域资源共建共享共荣的团镇振兴共同体。一是团场（镇）本体以连队为重点的人居环境品质的提升，特色红色文化与主导农业的文旅项目的培育与建设，以业兴团是团场（镇）职工群众的生活富裕、生态平衡的物质基础；二是开展人才服务工作，发挥人才在解决团场（镇）关键技术服务的作用，开展民族团结、社会进步的有效社会组织建设和新型城乡人居环境和特色产业人才的多元主体的培养；三是以兵团文化为核心，发挥以美育人，以文化人的文化魅力，开展地方优秀的本底自然和人文资源的保护与更新路径探索。根据保护与发展对象的资源禀赋、分类建立主导型特色扶持产业，从特色团场（镇）"生态宜居、产业兴团"的整体性出发，制定差异化发展（分层、分级、分类）特色文化产业培育、团场（镇）乡村治理策略。

1. 保护与发展上应该发挥多元资源的优势，提倡多元主体的包容共享、显隐互鉴

重视本地生产与生存独特模式的传承，要能见人建物（匠

人传承和建成遗产活化利用）。团场（镇）与地方文化空间的新旧融合，空间形态重塑，传承发展提升农村优秀传统文化作为实施乡村振兴战略的重要内容，为团场（镇）文化资源提供活态发展前景，以渠系为脉整合串联垦区内各类文化旅游资源，发挥兵团红色文化工程遗产文化品牌价值，以红色文化资源为核心的团场（镇）保护与发展也是文化润疆工程、乡村振兴战略实施、生态文明建设的重要内容之一。

2."授之以渔"的人才保障

在正值百年未有之大变局的时代，项目蓄势而为，搭建多学科融合的优势平台，力图开拓和掌握多领域研究的国际话语权，将兵团民生建设经验展示好、宣传好、活用好。分类施策，拓展乡村人才来源渠道，建设"新农人才"库，让更多的有能力有理想的人能够躬耕乡野，大有作为。

专家队伍引进与自我培养。面向南疆小城镇人居环境现状和红色文化保护利用基础理论需求，提升团场（镇）人居环境和文化空间建设为重点任务。支持兵团高校、地方企业的科技人才在团场（镇）科技创新，文化扶贫方面，争做领头羊，用好照顾好留得住、干得好、示范强的人才，让其充分发挥人才带领团场（镇）脱贫致富、产业兴疆的重担，为打赢脱贫攻坚战、全面建成小康社会发挥重要作用。人才引进方面重点着力引进符合兵团资源特点的生态文化景观保护、文旅融合的特色团镇示范，红色文化深度展示与传播等方向的人才，为南疆人居环境生态保护与品质提升实践提供理论指导和科学依据。

附录

红旗映天山，文艺润心田：基于艺术实践的新疆各民族交流交往交融研究

摘　要：新时代要以铸牢中华民族共同体意识为主线，推动党的民族工作高质量发展，深刻阐释党的治疆方略。文艺工作是思想宣传和精神文化的主阵地，要通过艺术作品对人民英雄的群像塑造，以艺术感染力如春风化雨般浸润人的心田，追寻中国共产党不忘初心的精神内涵。

文章通过对历史影像、历史传记、艺术作品等内容开展研究，从展演场所、创作作品、创作者等角度分析，从基层文艺活动的构建中反映国家在提升公共文化服务水平能力上的举措。艺术空间会聚人，艺术作品打动人，艺术家们心交心，各民族群众密切融洽交往的全方位艺术实践，充分反映了新中国文艺事业在新疆民族团结进步事业中积极探索实践的辉煌历程和经验启示，为新时期的民族工作走向胜利奠定了坚实基础。

关键词：民族团结；艺术实践；新疆故事；媒介与呈现

附

录

党的十八大以来，党中央就民族工作做出一系列重大决策部署，推动我国民族团结进步事业取得新的历史性成就。中华民族一家亲、同心共筑中国梦，这是新时代我国民族团结进步事业的生动写照，也是新时代民族工作创新推进的鲜明特征。在 70 多年的社会主义建设历史发展进程中，新疆文艺事业在民族团结进步工作中取得了重大成就与经验。文章以艺术实践为视角准确把握民族工作以史为鉴、开创未来的重要要求，深

刻阐释新时代中国共产党的治疆方略，充分发挥艺术优势作用，全力以赴完成举旗帜、聚民心、育新人、兴文化、展形象的使命任务。艺术场所服务人民，艺术创作者心系人民，艺术作品历久弥新。艺术场所空间的巨大演变、艺术形式的丰富多样化，深刻地反映了新中国建设过程中民族地区的民族交流、互济、互融。艺术作品通过对人民英雄的群像塑造，以艺术感染力如春风化雨般浸润人的心田，追寻中国共产党不忘初心的精神内涵。

一、艺术空间、艺术创作者、艺术作品的关联与内涵

2021年8月27日至28日的中央民族工作会议上，习近平总书记指出："必须促进各民族广泛交往交流交融，促进各民族在理想、信念、情感、文化上的团结统一，守望相助、手足情深。"文化展演场所演变、文艺工作者的交往、经典文艺作品创作等是全国各民族交往、交流、交融的历史物证和丰富内涵，书写着各民族你中有我、我中有你，共同开拓美好生活的精彩篇章，各民族一起共同培育伟大的民族精神。文艺创作工作者要学习贯彻习近平总书记关于文艺工作、新疆工作的重要论述和指示批示精神，主动承担记录新时代、书写新时代、讴歌新时代的使命。

艺术展现与传播离不开艺术空间。艺术空间是社会的产物，艺术空间给人心聚合提供载体。人聚集之处给艺术空间的产生提供了可能。艺术空间一旦被生产出来，参与其中的人的身份属性，如性别、年龄、种族等，就会被消解，从而产生一种平等关系，同时新社会关系也会在此形成，创作者和享受创作的观众共同存在，实现"空间的再生产"。艺术空间本身是文化与社会关系的载体和场域，具有意识形态宣传和民众精神

文化满足的功能。通过梳理新中国时期新疆艺术场所的演化，从田野地头到声光电设备先进的现代化艺术场馆，艺术展演场所的两个基本的功能属性没有变。在不同的历史时期，聚合人心与艺术传播的功能性被赋予浓重的时代色彩，呈现出时代特征显著的文化水平普及、民族政策宣传、精神文化引领的多元功效。

文艺工作者应善于聆听时代声音，善于利用既有条件、积极创新条件，以人民为中心，反映、观照人民群众的现实生活，谱写和描绘出新疆社会主义建设与历史巨变中人民幸福生活和民族团结的精神图谱、时代画像。

二、多元一体的文化交流交往交融，构建共有精神家园

（一）红色精神的继承与弘扬

重温《在延安文艺座谈会上的讲话》精神中以人民为中心，为人民服务的信念，在新疆文艺创作中一贯秉承并发扬这种精神。在新时期，坚持艺术创作，践行《习近平总书记在文艺座谈会上的重要讲话精神》。通过艺术创作者对指导精神的学习，引导广大文化艺术工作者深入生活、扎根人民，把提高质量作为文艺作品的生命线，坚持以民族团结工作中交流、交往、交融为中心的创作导向。各民族艺术创作者根植于新疆天山南北，在长期深入民族团结的工作与生活实践中，大批艺术创作者通过经典艺术作品对给予其创作土壤与灵感的天山南北自然与人文的深情回馈。

（二）构建新疆多民族齐心创造和谐社会的广阔舞台

艺术事业为民族政策的宣传、文化教育的提升、文化娱乐的满足等提供了一个多元化空间和舞台。用好艺术空间、艺术

作品、艺术家的功能和力量，在新疆多民族地区更加广泛地团结民族兄弟，培育为民族事业服务的干部与艺术创作者，艺术创作者要自觉承担起新形势下宣传思想工作的使命任务，引领群众听党话、跟党走，保持民族团结一家亲的稳定格局，构筑中华民族共有精神家园。

在过去一段历史时期，露天临时的展演场所与当时的促团结、抓生产的浪潮相呼应。临时形成的展演空间，民族兄弟姐妹聚到一起，形成一个信息交流与文娱活动的复合型场所。春播、夏忙、秋收、冬闲等四季日常生产的间隙中，舞蹈、快板等艺术激发大家对生活与生产的热忱，在日常生活中提供精神享受和提升文化水平。日积月累的文艺传统的传承，所形成的稳定的文艺形式和民族团结的有效方式被示范推广，成为天山南北人民生产与生活中不可或缺的组成部分，文艺活动的展演地成了新疆多民族齐心创造和谐社会环境的广阔舞台。

三、深化民族工作的交往交流交融，讲好新疆故事，讲好中国故事

（一）文艺场所的演变：公共艺术展演基础设施日臻完善

坚持以人民为中心，人民在哪里，哪里就是中心，生活在哪里，哪里就是艺术展演和民族团结的大舞台。秉承从群众中来，到群众中去的艺术创作理念，天山南北、高山绿洲、厂矿农场、田间地头、牧区居点……在新疆的广袤土地上谱写着民族交融的团结赞歌。

田间地头、开敞院场、露天影院场等成为守好意识形态阵地与开展文化活动舞台中心。文艺工作者在四个季节中深入田间地头、开敞院场、露天影院场、水利工地等场地为广大群众文艺演出。在 20 世纪 60 年代，田间地头、工矿车间是兵团职工群众业余宣传队为职工演出的重要场所。例如新疆生产建设

初期，兵团各团场（镇）场部均建有露天电影院，设简易舞台，到 20 世纪 70 年代，露天影院扩建成有砖混结构的舞台，除定期放电影以外，还开展形式多样，内容丰富的文艺演出、宣讲党的民族政策活动等（图 1）。

文艺工作者深入戈壁绿洲、高山牧区，开展喜闻乐见的群众文艺活动，用生动活泼的艺术形象，通俗易懂的多元形式

a.1963 年兵团楚剧团深入团场（镇）连队慰问演出

b.第四师团场（镇）电教组深入牧区为牧区群众放映电影

图 1　田间地头、开敞院场等成为舞台中心
（图片来源：《上海知青在新疆》，姚勇著，新疆大学出版社，2001 年）

进行宣传党的政策与关怀。如20世纪60年代，新疆生产建设兵团第二师30团宣传队的上海知青邓成林、张静妹等深入博斯腾湖畔，为打苇队员慰问演出。1965年，南山牧场组建了一支适应牧区民族特点的"乌兰牧骑"式的文艺演出队，深入牧区生活，用汉语、哈萨克语等语言为牧区群众演出喜闻乐见的文艺节目。该演出队还参加了新疆维吾尔自治区成立10周年庆典和国庆节的"双庆活动"，受到自治区、兵团的好评。20世纪70年代，新疆生产建设兵团第四师团场（镇）电教组深入边远牧区开展为牧区群众放映电影等活动，到了20世纪八九十年代新疆文艺活动作品类型迅速扩大，《军垦情》《风雨红柳》《一路春风》等一批优秀作品走上舞台。文艺节目形式更加多样化，如小品、相声、话剧、广播剧等艺术形式作为宣传的重要媒介形式丰富了牧区群众的业余生活，拓展了民族政策、农牧政策等宣讲形式，进一步增强传播效果。

如图2所示，一群来自上海、山东、湖北的支边青年，很快融入了新疆多民族的大家庭中，他们与民族同志同劳动，业余时间相互学习演奏与表演，作为业余演员，他们多才多艺，有的穿着民族服装，打起手鼓、吹起横笛、弹奏着冬不拉，跳起经典民族舞蹈，呈现出团结和谐的生动画面。活跃在新疆各级的文艺演出可分为群众性的文艺演出和专业文艺团体的文艺演出两种，在不同的区域服务新疆广大职工群众。在新疆基层乡镇及团连等行政单位均有文艺工作组或文艺演出队，这些演出队为新疆文艺事业培养一批批宣传与表演相结合的文艺骨干，基本实现的"处处有歌声，月月有晚会"的文化娱乐的良好局面离不开他们的努力。

艺术展演空间从线下到线上的跨越与融合。随着科学技术尤其是数字媒体技术的发展，新疆文艺作品由线下的演出形式向线上发展。新疆各级艺术场馆的建设与使用，为丰富各民族群众的精神文化生活做出了应有的贡献，同时，多功能艺术场

图 2　1986 年 5 月，第九师 164 团宣传队下工地演出
（图片来源:《上海知青在新疆》, 姚勇著, 新疆大学出版社, 2001 年）

馆的使用促进新疆与各地的文化艺术交流，为新疆民族团结的实践搭建了重要平台，繁荣了新疆文化艺术事业，助力民族团结进步的高质量发展。

（二）艺术作品主题的演变：从艰苦创业到美好生活实现

艺术创作者用作品真情谱写与描绘新中国的新画卷。新疆主题性经典艺术作品深刻反映了中国共产党在三个重大历史阶段民族政策和民族工作的历史经验和丰硕成果。在新中国刚刚成立时期、社会主义建设探索时期和实现"两个一百年"新时期发挥了思想教育提升、精神风尚引领的作用。

新中国成立以来，新疆为主题的艺术作品主题鲜明，形式灵活，内容丰富的艺术特征（表1），作品激励一代又一代的年轻人，到祖国最需要的地方去，建设祖国、繁荣祖国、富强祖国。形式多样的"送文化下基层"艺术实践活动丰富了新疆人民群众精神文化生活，提升了群众的文化素质，筑牢了民族团结的大舞台。

表1　不同历史时期的代表艺术作品主题及内涵

时代主题	代表作品	艺术类型	内涵阐述
凯歌入新	《军犁歌》《军垦战歌》《国土在我心中》……	电视剧、话剧、歌曲、纪录片……	军垦战士发扬南泥湾精神，挺进戈壁荒原的英雄事迹
艰苦创业	《到克木齐农场去参观》《军垦魂》《戈壁滩上盖花园》《送你一束沙枣花》《兵团边境团场（镇）纪行》……	音乐、电影、舞蹈、话剧、歌曲……	屯垦天山，再造江南；扎根边疆、建设边疆、奉献边疆的艰苦奋斗精神
民族团结	《绣国旗》《夏孜盖歌》《萨里哈与萨曼》《草原情》《花儿为什么这样红》……	音乐、舞蹈、歌曲、电影……	以人物为中心的群像塑造，崇尚英雄、学习英雄、捍卫英雄、关爱英雄

时代主题	代表作品	艺术类型	内涵阐述
美好家园	《雪山雄鹰》《金色阿勒泰》《布伦托海渔歌》《帕米尔牧场》……	电视剧、舞蹈、舞台剧、话剧、电影、音乐、美术……	抒写文明风尚、绿洲乡村焕发文明新气象
共同奋斗	《剑犁交响戍边关》《当祖国需要我们的时候》《幸福欢歌》……	音乐剧、电影、电视剧、纪录片、美术……	彰显我将无我，不负人民的精神内核，赓续红色血脉，继承优良传统，从胜利走向胜利的光辉历程

1.社会主义艰苦创业时期的艺术特征。该时期的艺术作品主要是反映军民开疆破土的生产与生活，赞颂民族团结、屯垦戍边的人民英雄。社会主义建设初期的50年代，开展的"五兵"（兵写兵、兵演兵、兵唱兵、兵舞兵、兵画兵）活动，以军人及转业军人为创作主体和创作内容，产生大量鼓舞人心的文学艺术作品。

2.社会主义建设探索时期的艺术特征。围绕民族团结进步、美好家园、屯垦戍边等创作主题，创作出了一大批优秀艺术作品，艺术创作者践行"文艺为人民服务"的指导思想，《月上昆仑》《丝路古道话屯垦》《最后的荒原》《兵团边境团场（镇）纪行》等等通过对新疆多民族地区人民的日常生活的艺术创作来传达中国共产党的民族政策，谱写和描绘新疆各民族团结进步带来的美好幸福生活。

3.实现"两个一百年"新时期的艺术特征。有歌曲、电影、纪录片、美术、摄影等多种类型艺术作品，如歌曲《北京回信》、话剧《金色的胡杨》、电影《花儿为什么这样红》、舞台剧《军功马》，以及"天山放歌·新疆各族人民的新生活"主题摄影展，这些优秀作品展现新疆在新时期社会、文化、经济、科技等领域取得的辉煌成就。优秀的艺术作品弘扬民族精神和时

附录

代精神，践行兵团精神和胡杨精神，激励各级干部在新时代扎根边疆、奉献边疆。这些文艺作品极大地丰富了各族人民群众的精神生活，展现了新疆的文化形象和独特魅力。

（三）新疆故事的讲述者、民族团结进步事业的践行者

新时代，党中央把讲好新疆故事作为做好新疆工作的重要议题并提出了明确要求，艺术创作者是新疆故事的讲述者，是民族团结进步事业的践行者。铸牢中华民族共同体意识，以新疆民族团结事业为主线，艺术创作展现多民族交流、交往、交融。各民族艺术创作者一起创作和表演，加强了各民族的交流、交往、交心。艺术工作者们扎根天山南北，深入南疆绿洲、北疆高山牧区，把对新疆各民族的劳动人民的真挚的爱融入了民族团结的工作中，创作了一首首、一幅幅深入人心，反映不同历史时期新疆各民族水乳交融的诗与歌的时代篇章。

王洛宾的《达坂城的姑娘》是对新疆这片热土和人民的礼赞，诗人李密用诗的语言表述这首歌的深远影响："一支歌唱红了一个村庄，一支歌唱美了一片土地，一支歌唱醉了一方百姓，一支歌唱响了半个世纪"，艾青的《年轻的城》记录兵团人以自身的艰苦奋斗开垦了片片绿洲、兵团人戍守边防、建起了座座新城的感人事迹。兵团人艰苦卓绝的奋斗奠基新疆工业，他们主动发挥时代主旋律作用，这本书是对外传播新疆是个好地方的有效举措，对传播和树立新疆良好形象具有重大现实意义。

赵心水执导《冰山上的来客》是最早表现新疆各族军民团结一致反分裂的国产影片（图3），该片所展现的民族团结、民族形象等承载了展示与提升新中国政治与文化形象的功能，民族乐器的热瓦普、中原地区的横笛和充满民俗风情的歌唱，展现多样性的中华民族文化交流融合。2021年10月10日，根据拉齐尼·巴依卡事迹改编的电影《花儿为什么这样红》在

图 3 《冰山上的来客》宣传海报（图片来源：https://baike.so.com/gallery/list?ghid=first&pic_idx=1&eid=680156&sid=719968）

新疆喀什首映（图 4），重现了"时代楷模"拉齐尼·巴依卡一家三代在帕米尔高原戍边的故事。全景式展现和颂扬了拉齐尼·巴依卡一家三代爱国、爱疆的执着信念，见义勇为的英雄壮举，甘于奉献的高尚品德，此类主题电影作品以戍边英雄事迹为主题的艺术创作，阐述新时代弘扬爱国主义和英雄主义精神，团结稳疆的时代需求。

由袁鹰作词，田歌作曲的《边疆处处赛江南》，歌唱家阎维文演唱的《一棵小白杨》等经典歌曲讴歌党、讴歌人民，抒写新疆人民建设新疆美好新生活的奋斗历程，它是一篇篇开发建设边疆、推动新疆经济社会发展的辉煌篇章，是一首首增进民族团结、共同维护新疆稳定的壮美赞歌，是一座巩固祖国边防、维护国家安全统一的不朽丰碑，是新疆人扎根边疆、报效祖国的英雄史诗。《翰墨绘华章：美术领域的艺术实践》，列阳的《行军途中》，阿布都克里木·纳斯尔丁的《胡杨人家》，黄胄的《育羔图》，靳尚谊的《帕米尔牧场》，吐尔地·依明的《维吾尔姑娘》等一幅幅底蕴深厚、美育人心的美术作品集中展现新疆多民族地区的独特的自然风光与人文景观；多层级的民族团结主题美术艺术展览，成为各民族、各地区展现新疆美好形象，传播中国好声音的重要形式，如在中国国家博物馆展出"大美新疆·军垦华章——新疆兵团题材美术作品展"、

图 4 《花儿为什么这样红》剧照（图片来源：http://www.xinjiangwenyi.cn/lddt/202110/t20211010_561801.html）

新疆美术馆举办"中国美术馆对口支援新疆文化建设'典藏活化'系列展"等艺术展览有效地促进各民族文艺交流与繁荣发展，进一步激发全国各族人民爱党、爱国、爱疆之情，是各民族团结工作的重要渠道和实践示范。

不同历史时期的主题鲜明、形式多样、内容丰富的艺术作品深刻反映新疆各族人民向石榴籽一样紧紧地团结在一起，同舟共济、开拓进取地创造幸福生活，彰显绚丽多姿的多民族艺术，共同谱写一体多元的新时代文化乐章。

四、新时代艺术工作的时代新举措

中国特色社会主义进入新时代，必须长期坚持统一思想，凝聚力量作为宣传思想工作的中心环节，文艺事业是宣传工作的前沿阵地，要承担宣传与文娱活动的使命任务，以德化人、以艺聚人、以美育人、以文化人，通过发挥艺术的力量结合使命，助力新疆多民族地区的人民对中华文化的认同根植于心灵深处。

（一）继承与创新：走进新时代、礼赞新时代、憧憬新时代

中华文化延续着我们国家和民族的精神血脉，文化的延续既需要薪尽火传、代代守护，也需要与时俱进、推陈出新。革命精神历久弥新，文艺工作者要继续弘扬光荣传统、赓续红色血脉。培养留得住、用得好的民族地区文艺骨干，抒写这个时代，不仅仅要有生活的底蕴，还要有文化传统的血脉，这样才能把这个新时代的风采记录好、引领好。新时期新疆文艺作品不仅是弘扬红色文化、凝结民俗思想、体现民族团结的载体，更是立足优秀中华文化标识的艺术作品再创作。

从艺术场所、艺术创作者、艺术作品等方面深入观察与思考，通过以上分析，全方位展示了中国共产党团结各族人民开

展民族工作的百年辉煌和新疆社会的沧桑巨变。在新疆城乡建设和文化建设的演进历史过程中，以歌舞表演和其他文娱活动为不变主题，将政治学习、政策宣讲等活动也深刻融合在文娱活动空间中展开。歌舞表演的主题和时代需求相契合。新中国成立初期，主要宣传党的民族政策和艰苦创业期；工业促发展期，其成为文化水平提升和思想觉悟提升的重要工具；新时代时期，它则成为民族政策解读和政策宣传思想的基地，因此新疆城乡文娱空间呈现出明显的意识形态性与工具性，同时具有艺术审美的功能性。

（二）完整准确贯彻新时代党的治疆方略：自觉承担新时代使命

1. 艺术创作者要守好阵地。坚定文化自信，用精湛的艺术作品推动文化创新发展，用文艺振奋民族精神。在新时期的时代背景下回望中国共产党在新疆民族事业上的光辉成就，从艺术事业发展来学习"四史"与开展新时期的艺术实践。在过去积累的经验再继续创造，过去是实现今天成就的基础条件，正确认识中国共产党领导下的文艺史，它是总结各民族团结一心建设新疆的重要组成部分。在新疆民族团结建设的不同时期涌现出一批批"到人民中去，为人民而创作"艺术家和艺术作品，通过对典型艺术家的创作理念的解读，这些作品深刻反映了艺术家们在民族团结工作中践行艺术为人民的创作理念，在美术创作、音乐创作、戏曲等艺术作品中敬仰人民、礼赞人民、讴歌人民。

不忘初心、牢记使命，完整准确贯彻与阐释新时代中国共产党的治疆方略。艺心向党，绽放民族文艺之花，记录不同时代风采，见证中国共产党领导下民族文艺事业与民族团结工作的紧密结合，开展文艺事业是做好民族工作的重要举措和历史经验。

2. 打造"文化润疆"工程的人才队伍,用好"源头"与引进"活水"。我们要充分考虑新疆不同民族、不同地区的区域现状,继续营造艺术人才培养、艺术创作、艺术场所的环境氛围。用好"源头",培育新时代优秀文艺干部,用好新疆各级热爱各族群众、感情真挚的民族地区艺术人才队伍,要重视培养和用好新疆民族干部,对政治过硬、业务精湛的优秀民族干部要委以重任,使其充分发挥头雁引领的作用。引进"活水",广开渠道,从政策上支持与重视、关心与爱护立志为民族团结进步工作的年轻干部,吸引更多优秀人才,要加强新疆多民族地区基层文艺工作队伍的建设,夯实基层基础,发挥文艺排头兵的辐射作用,用艺术创作者的人格魅力、作品的感染力与凝聚力,在基层开展中国共产党的民族理论和民族政策的宣讲与实践。

在新时期逐步实现艺术事业在新疆多民族地区的民族团结、乡村振兴、精神生活、文化发展等方面全方位的深入融合与嵌入。在新疆民族工作中,守好文艺宣传与丰富精神生活的前沿阵地,不断学习,吸收先进创作理念与新技术呈现,通过内涵深刻、形式多样的精品力作的感染力来强信心、聚民心、筑同心,抒写中华民族团结的新史诗。文艺创作者要积极主动地讲好中国故事、讲好新疆故事,用好艺术作品的强大凝聚力和引领力的作用,有效维护我国政治安全和文化安全。

(三)赋能内容和形式的科技融合与创新

1. 艺术内容与形式的创新。赋能公共艺术的社会服务,推动艺术与科技融合,解决公共艺术创作弘扬主旋律、提升大众美育等社会服务中重大、关键和共性问题。力求提高作品的精神高度、文化内涵、艺术价值,做好中华文明传播工作,实现全民文化艺术普及。艺术创作者们推出一批正确反映新疆历史、具有中华文化底蕴、融合现代文明、群众喜闻乐见的精品力作。美术创作方面，创作一批描绘新疆壮美河山、石榴花开、小康路上的优秀作品，充分展示新疆一体多元的民族文化；歌舞创作方面，比如用好龟兹文化遗产，创作既能体现传统文化记忆又具当代审美性的乐舞，让遗存在史料、壁画上的龟兹乐舞"活起来"，用文物说话、让历史发声、为时代留痕。

2.打造艺术创新的服务平台，服务文化润疆。深入开展全方位的"文化润疆"工程，需要利用先进的服务理念和新技术表达的开展多元化的艺术实践平台。依托平台广泛开展文艺志愿服务活动，围绕艺术服务人民的工作主旨，深入基层，重心下沉，端口前移，打通服务群众"最后一千米"的重要平台。积极在城镇社区、乡村、团连等开展"艺术展演与培训志愿服务工程"，以志愿服务为抓手调动各方力量，大力实施"社区、乡村、团连的文化宫"艺术平台和人员队伍建设，以群众需求为导向，进一步加强基层文艺平台建设，让艺术实践平台成为民族政策和民族工作的宣讲台、满足人民群众的艺术审美与精神需求的文艺服务平台。

结语

历史经验告诉我们，各民族的团结是新疆文化、经济的发展基础，而文化事业的以文化人、以美育人促进了新疆地区的民族团结、社会稳定。进一步明确了文艺事业发展方向和前途。通过精美的文艺作品，讴歌、礼赞为民族交流做出贡献的人民，使民族团结精神更广更深地植入民心。新疆艺术事业的灿烂辉煌，坚定了新疆人的文化自信，新疆文艺的特殊作用，提升了新疆人的文化自觉，既是新疆人屯垦戍边、发展经济、民族团结等事业的重要组成部分，也是推动这一伟大事业发展的强大动力。

弘扬民族精神和时代精神，建设美丽人居新环境

习近平总书记指出："文艺的民族特性体现了一个民族的文化辨识度。"艺术成果能更好地服务于人民群众对人居环境的高品质生活需求。城乡人居环境是空间、自然与人文互动的结果，在多种深层结构共同作用下交织形成。一个具有历史积淀和人文情怀的美好人居环境，可以反映一个区域人民积极向上精神气质和朝气蓬勃的时代特征。艺术工作者要深刻领悟习近平总书记在中国文联十一大、中国作协十大开幕式上的重要讲话、重要论述的精神，这是我们深入领会、践行初心使命的根本遵循。

一、从优秀的传统文化中继承与创新——正本清源，守正创新的同步同伐

习近平总书记在《讲话》中表达了对艺术教育事业的重视，对做好美育工作、弘扬中华美育精神的期望。美丽人居环境具有社会美育的功能。环境美育是实现社会美育的重要途径，用好源头和活水，通过守"土"，才能纳"新"。作为一名兵团高校的教师，应该始终坚持为党育人、为国育才的宗旨，坚持"以兵团精神育人，为维稳戍边服务"的目标，在教学中始终将自己定位为环境育人探索者与实践者，从中国传统人居环境营造智慧中汲取营养，"立古人之基，筑时代之峰"，努力在中国传统人居环境艺术和新时代人们之需求间搭建起一座坚实艺术之桥。作为人居环境建设者，应该在继承的基础上，写就新

153

时代工匠精神的新篇章，使广大人民既能从中看到古人营造栖居之所整体格局中展现的天地人和的哲学之美、院落形态的形意之美、砖木结构的科学之美……同时，通过历久弥新的创新继承与创造发展，相得益彰的互补互证，实现中华营造智慧的转化创新，以创新满足人民的时代审美和宜居宜业的高质量人居环境需求，不断实现人民对美好生活的向往。

二、秉承艺术创作的灵魂与源泉——扎根人民，服务人民的历史使命

人民需要艺术，艺术更需要人民，建设与弘扬是我们的光荣使命。新时代人居环境建设工作者应当牢记自己所承担的历史使命。经历和见证是我们的宝贵财富，我们有幸经历了改革开放以来的建设、发展和变局，见证了中国共产党领导下中国特色社会主义的一个又一个的重大历史节点，享受到无数人民英雄无私奉献的成果。扎根人民，服务人民，是我们承担的历史与时代任务。我们要通过言传身教的教学与科研实践，传承发展优秀的人居环境建设的营造智慧，展现其哲学之美和形意之美，从根植于中国传统文化深厚底蕴的人居环境显示出中华民族创造精神，让优秀建筑艺术成为中华民族历久弥新的文化符号和精神标识。建设优秀人居环境作品，也让更多人民从生存之境、生活之境、生产之境中感受中华文化和中华美学的魅力，感受到中国特色社会主义的优越性，要增强文化自觉，坚定文化自信，以更加坚定、自信、饱满的精神状态，投身社会主义文化强国建设的征途。

三、将优异答卷写在中国大地上——脚踏实地，久久为功的创新实践

立德树人的人，必先立己；作为新时代的艺术工作者，要铸魂培根的人，必先铸己。牢记习近平总书记对艺术实践者提出的要讲品位、讲格调、讲责任的要求，要下真功夫、练真本事，才能扎根边疆、奉献边疆。新时代新征程，人居环境建设者要有准确的历史观、科学观、人文观、生态观，要准确全面践行习近平总书记"绿水青山就是金山银山"的"两山"理论，引领乡村振兴战略开启建设美丽中国的变革性永续发展的实践。这些年，艺术工作者、人居环境建设者坚持以人民为中心，坚定向"美"而行，推进生态文明建设，全面推进乡村振兴示范样本，依托各地自身资源禀赋，开展差异化发展的创新实践。如兵团小城镇人居环境高品质发展实践中，充分挖掘红色资源，整合绿色生态资源，深度融合兵团红色人文特色，打造多层级的"红色文化＋绿色生态"的文旅主题乡村振兴项目，唱老兵歌、住军垦屋、走老兵路、吃军垦饭等体验已成为爱国主义教育与休闲文娱体验参观的"标配"，依托绿色的生态环境和红色文化特色探索出一条"红色＋绿色"文旅产业融合发展之路，其成为人居环境高质量新发展的重要导引。我们要继续探索生态生活生产"三位一体"的人居环境建设新途径，让美丽城乡建设落到社会主义现代化强国目标的实处。

在习近平新时代中国特色社会主义思想指引下，艺术工作者要以人民为中心，让文艺之花为人民而绽放。我们应该不忘初心、勇担使命、勤奋耕耘，为开启新时代艺术事业的新征程，为建设社会主义文化强国、实现中华民族伟大复兴的中国梦做出新的更大贡献！

兵团水文化景观的类型特征及当代价值研究

摘　要： 从亘古荒原到生命绿洲，兵团水文化体现了中国共产党人与人民大众在农业底色、工业特色、军人基色和时代特色背景下，进行社会主义实践的伟大历史成果。本文提出水文化景观概念，即人类通过水事活动对其所处环境进行改造而产生的景观，是人类对水利用、改造和管理的综合结果。新疆兵团的长期水利建设，为水文化景观的形成与发展奠定了基础。本文讨论了新疆兵团水文化景观的类型与生态特征，通过对兵团水利建设发展轨迹的探讨，总结兵团水文化形成的过程及历史时期的视觉阐述，阐释兵团水文化是集体协同下解决工业时代的农业生产与工业需求上形成的文化景观类型，以水利建设为视角，揭示了从新中国成立以来，中国共产党在新疆社会主义实践的辉煌历史和伟大成就，把握并推进了马克思主义生态观的哲学内涵，赋予了马克思主义生态观新的时代内涵和实践价值。

关键词： 水文化景观；水文化遗产；生态特征；兵团水利建设；马克思主义生态观

前言

新疆生产建设兵团（下文简称兵团）水文化景观具有军民融合的双重属性，是西北干旱区高质量解决人居环境的突出样本。水利是农业生产的命脉，在新疆，没有灌溉就没有农业。

兴修水利是发展农业生产的先决条件。在新疆水利工程的建设中，特别重视民族团结工作。军队开始生产之初，新疆军区就特别强调"不得与民争水争地争草场，并要尽力帮助民族群众发展生产"。兵团的经济建设是自治区经济建设的一个重要组成部分，兵团水利建设在自治区水利事业中占有重要地位。从 1950 年部队屯垦戍边开始到 1982 年，兵团投入水利建设资金 20 亿元，兵团与各族人民休戚与共，鱼水相融，不可分离。在新中国成立初期，新疆各族人民和兵团广大战员紧密配合，大力兴修水利，发展农业，扩大绿洲。兵团为各族人民在集体的土地上生产生活和农业灌溉等带来巨大便利条件，同时也为后世创造了丰富多彩的水文化景观。

"水文化"的概念源于 20 世纪 80 年代末的水利研究领域，水文化景观是指以水为核心构因形成的一种景观类型，水文化景观属于人类文化景观的重要组成部分。有关水文化的文章，第一次出现是在 1989 年 5 月，李宗新在《治淮》杂志第 4 期上发表的《应该开展对水文化的研究》，这篇文章对水文化概念进行了初步阐释："什么是水文化，目前还不能准确地给它下一个定义，但从一般意义上说，我们可以把水文化理解为人们在从事水事活动中必须共同遵循的价值标准、道德标准、行为取向等一系列共有观念的总和。或者说，是从事水事活动的人们所共有的向心力、凝聚力、归属感、荣誉感等精神力量的总和。"

汪德华（2000 年）认为水文化是"人类社会历史发展过程中积累起来的关于如何认识水、治理水、利用水、爱护水、欣赏水的物质和精神财富的总和"。李宗新（2002 年）认为，水文化是一种反映水与人类、社会、政治、经济、文化等关系的水行业文化。袁志明（2005 年）认为，水文化是人们在与水打交道的过程中创造的一种文化成果，其中最重要的内容是水精神或者说水利精神。梁述杰、渠性英（2010 年）认为，水文化是水利行业人员所秉持的思想方式、生活方式、行为方式。彦橹（2013 年）认为，水利行业文化，主要指向行业内人与人、人与组织、人与行业以及行业与社会的关系；水生态文化，主要指向人与水、社会与水的关系。靳怀垺（2016 年）认为，水文化是指人类在与水打交道过程中所创造的物质财富和精神财富的总和，是人类认识水、开发水、利用水、治理水、保护水、鉴赏水的产物。

"文化景观"的概念源于地理学领域，由 19 世纪德国地理学家奥托·施吕特尔首次提出。20 世纪 20 年代，美国地理学家卡尔·O.索尔创立了伯克利学派，认为文化景观是在任何特定时间内，自然和人文因素复合作用于某地形成的，会随人类的行为活动而不断变化。随着文化景观概念的不断发展，可将其视为以自然景观为本底，经过人类活动而改造的景观，具有适应性、层级性和关联性等属性。文化景观强调人与环境之间存在的精神联系，反映出人与环境的互动。

研究通过对兵团水利建设的发展轨迹的探讨，总结兵团水文化景观形成的过程及历史时期的视觉阐述，对水文化景观的内涵与价值、类型（建成遗产）与空间特征进行研究，从图像艺术、文本载体、建成文化景观三方面阐述，兵团水文化景观是集体协同下解决工业时代的农业生产与工业需求上形成的文化景观类型。

一、研究数据与方法

使用航空摄影、卫星图像和无人机等遥感技术，这些遥感技术已经成为主流的空间形态和特征观察的有效工具，用于"观察"、监测和发现文化景观生态特性。

本研究选取 1949—1982 年时段内兵团与水文化活动相关的建成遗产以及水文化主题图像，结合时代背景以及文献资料，对视觉艺术中的元素内容进行解读。

图像数据来源于：1.已经出版的兵团地方志、水利志等文史资料；2.兵团政府网站；3.开放社交平台，如微博、今日头条等。利用谷歌地球等地理信息平台建立纬度的中心点和每个地点的经度，以及估计的空间范围（千米）和缓冲。

目前我国南方和新疆部分地区水利设施的相关研究和保护实践活动成果丰富，但兵团水文化景观的相关研究仍然缺乏深入的探讨，对兵团水利工程建设遗产的类型、内涵、价值评价和保护对策等基本概念缺乏认知。笔者试图对具有特定科学技术内涵与文化景观共性的兵团水文化景观进行研究，对兵团水文化景观的具体特点进行区域分类，充分阐释兵团水文化景观的价值。

二、兵团水文化景观的内涵与当代价值

水文化是指以水和水事活动为载体，人们创造的一切与水有关的文化现象的总称。水文化渗透在各个方面。在 20 世纪 80 年代以前，没有"水文化"这一名称，但水文化研究已取得丰硕的成果。只在抽象的概念上讨论水文化是说不清楚的，但如果在"景观"上，就有物可言，有理可依。

（一）水文化景观的内涵

水文化和文化景观在概念上的交集即为"水文化景观"，其定义为：人类通过水事活动对其所处环境进行改造而产生的景观。水文化景观与水文化遗产在概念上具有交集，具有遗产价值的水文化景观属于水文化遗产的物质层面，而水文化遗产的非物质层面不仅影响水文化景观的形态特征，更决定了其能否持续发展。虽然水事活动、水管理技术等水文化遗产的非物质内容不属于水文化景观的范围，但可以反映在水文化景观的

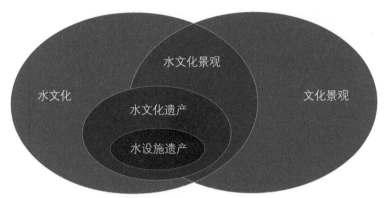

图1　水文化、文化景观和水文化景观的辩证关系（图来源：作者自绘）

演变过程和形态之中（图1）。

水文化遗产反映的是人与水的关系，可以分为工程性水文化遗产和非工程性水文化遗产，而每一类又可分为物质和非物质两种类型。物质水文化遗产是具有历史、艺术和科学价值的水文物，如水利工程、提水工具、管理衙署，以及涉水的碑刻、文献和典籍等。非物质水文化遗产是以非物质形态存在的与群众密切相关、世代相承的传统水文化表现形式，如涉水的节日、民间文学、劳动号子、民间音乐、风俗礼仪、民间信仰、治水技艺、治水哲学、治水精神等。

（二）水文化景观的当代价值

党的十九大报告提道："文化是一个国家、一个民族的灵魂。文化兴国运兴，文化强民族强。"水文化是中华文化和民族精神的重要组成部分。水文化景观在当代具有以下四个价值：

1.水文化景观的社会价值。新中国成立初期，中央政府决定在新疆成立生产建设兵团。这是符合中国国情和新疆实际的战略举措，也是历史经验在新的历史条件下的继承和发展。生产建设兵团的中心任务是屯垦戍边，兵团水利是兵团屯垦戍边事业的重要组成部分。兵团水利事业的发展是兵民团结一心改造自然、发展绿洲的一项伟大壮举。兵团水文化遗产在不同历史阶段主要功能也是不停地转换，在早期的水文化主要功能是在生产生活上发挥作用。随着经济发展科技进步，在现如今的环境下历史价值占据主要功能，充当历史纪念物成为当时艰苦奋斗、屯垦戍边等精神的重要物证。水文化景观有着凝聚人心的功能，不仅可以增强民族自豪感，还可以坚定人们对新时期水利建设的信心与决心。

2.水文化景观的精神价值。在早期水利工程的修建，主要是为了解决当时新疆生态环境恶劣，农业生产建设上的需要。在恶劣的环境下中国共产党带领各族人民从事水利建设，艰苦奋斗的精神至今感染一代代人民。在当下，这些水文化景观，对于进行红色主题教育带领人们重温"热爱祖国，无私奉献，艰苦创业，开拓进取"的兵团精神以及了解那段辉煌的历史起着重要作用。水文化景观可以引领人们向着正确的用水、治水、管水方向去努力，进而形成更多、更优秀的水文化成果。60年来，兵团坚持不懈的进行水利建设，谱写了一曲艰难曲折而又瑰丽夺目的创业之歌。

3.水文化景观的生态价值。新疆兵团通过一系列的开发水、治理水、利用水、保护水的水文化活动，将戈壁滩变成绿洲花园，极大地改善了人居生活环境。在当代，水文化景观的生态价值更是习近平总书记"两山论"的体现，这是新时代对马克思主义和可持续发展理论的深化和突破。

4.水文化景观的科技价值。对现代为解决引水、泄洪、排沙治理提供了一系列具有科学性和创造性的经验与措施。为人类在亘古荒原创造绿洲提供了可行性的方案，反映出一定历史时期的建造技术水平，是科学技术发展过程中的重要环节。在新疆搞农业，水利必须先行。这是中国共产党就当时的环境做出的科学判断，王震司令员动员新疆水利技术人员，组成水利工程队，分赴阿克苏、库尔勒、哈密、乌鲁木齐、石河子、伊犁、喀什等地，帮助部队进行水利建设。水文化景观是人类对水利用、改造和管理的综合结果，往往能够反映水可持续利用的方法和技术，在当代水保护与水利用方面具有借鉴意义。

三、兵团水文化景观类型与空间特征

兵团水文化景观可分为意识形态类水文化景观（亦称精神类水文化景观）、行为规范类水文化景观（亦称制度类水文化景观）和物质形态类水文化景观（亦称物质类水文化景观）。当意识形态类水文化和行为规范类水文化具有一定的历史、艺术和科学价值时，则会成为非物质水文化遗产；当物质形态类水文化具有一定的历史、艺术和科学价值时，则会成为物质水文化遗产。

（一）以水利工程为主和非工程性的水文化景观

新疆生产建设兵团初期，兵团水利是屯垦戍边的重要组成部分。由于新疆地处亚欧大陆内部，四周有高山阻隔，海洋气流不易到达，形成明显的大陆性干旱气候。水利是农业生产不可缺失的部分，在新疆没有灌溉就没有农业，独特的气候条件决定要屯垦就必须兴修水利，因此新疆的水利工程文化遗产十分丰富，水利工程遗产也是兵团水文化景观的主体部分。

由于新疆生产建设兵团成立于新中国成立以后，因此大多数水利工程也是近现代实施建造的，主要为水渠、水库、水井和桥梁等水利工程。其主要目的是生产生活，例如灌溉农田、水产养殖等。最早的一批工程有：库尔勒十八团渠，红雁池水库，迪化（现乌鲁木齐）和平渠，绥来（现玛纳斯）大海子水库。

非工程水文化遗产不属于特定的工程，而是某种文明或特定的标志，具有政治属性与文化意义。水利工程本体之外，与水利工程相关的水管理或水神崇拜而产生的、与水相关的文化建筑（庙、寺、坛、观、亭等）、文物（纪念物、镇水物等）、自然水景观（泉水、天然河湖等）、文献典籍等物质文化遗存。

（二）物质与非物质水文化遗产

兵团的水文化遗产主要包括两种类型，具体表现为桥梁遗产与水库遗产两大类。其中物质类：新疆建设兵团建设的水利工程物质类遗产主要为遗址、记录水利工程石碑、档案文献、纪念馆，其中主要为渠首遗址、故道遗址、古桥遗址、历代水利工程的石碑和石刻、以及纪念馆（博物馆）。非物质类：兵团建设精神传承、老军烈士文化、民俗传统文化、特殊工艺、水利工程设计理念等。

（三）兵团水文化景观时空特征

新疆水系，除北部额尔齐斯河流入北冰洋、南部奇鲁恰普河等小河流入印度，其余全属于内陆河。新疆的水系主要发源于高山山区，中小河流数量多，多数河流含沙量大。

根据兵团建设的时期和空间差异，大多数团都位于河的下游，大部分地表水资源由各地区共享。兵团灌溉区按配水比例分配水量。只有少部分如农九师、农五师、农十三师等，拥有一些独立的小河流系统，但是大多数河流都很小，水资源非常有限。地下水的地理分布极为不均匀，一般来说北疆开采条件好于南疆。

本研究通过矢量化新疆地图，根据《兵团水利志》资料记载将新疆大中小型水库进行可视化分析，探讨兵团水利建设的空间分布特征。根据 1949—1982 年兵团水利建设空间分布图（图 2），本文将新疆兵团从地域分布上划分为三个部分，从空间上可以看出，兵团建设分布差异明显，主要集中在北疆边境

图2　新疆水利建设时间轴

线上，这样差异的产生主要是修建难度所决定的，在空间上看，是比较密集的，基本上覆盖了新疆西北方向的边境线，同时这样的分布更多的是根据河流流域设置成的，对兵团建设、水利建设和水文化景观的保护也是有一定的促进作用。

在新中国成立到1959年期间，新疆兵团水利工程建设处于高峰期，10年内建设大型、小型水库及桥梁130多座，为后续的兵团建设提供了用水保障。在那个时代，水利建设基本上靠人力居多，从设计到建设，多种文献记载，反映了当时的山川地理环境，是非常具有传承价值和需要保护的遗产，迄今为止，很多的水利工程因为水源变动、技术更新也都有了很多变化，在新疆主要兵团师部都设立有博物馆或纪念馆，产生了许多水文化遗产的物质遗产。1950—1982年间，修建引水渠205条，总长4345千米；渠道建筑物60861座；水库81座，总库容22.264亿立方米；机电井7462眼；水电站87座。

兵团水文化景观文物保护分级。以新疆建设兵团水文化景观以及一切以传给后代积极向上、参考价值、内核精神、现世意义、发掘新内容等为主要目的和主导方向，这也是类比其他类型遗产的方针策略。将水文化景观作为资源的一部分，也属特殊资源，资源是用不用，而遗产是留不留的问题，资源并非都用，遗产也不是都留，所以在保留遗产的问题上，由各级政府决定和公民监督。即使不再留存，也必须事先进行科学研究、发掘和记录。所以记录档案极其重要，也属保护水文遗产的重要策略。

南疆兵团民族特色团场（镇）文化资源保护与发展研究

开展水文化遗产普查，摸清水文化遗产资源的家底，是水文化遗产保护的基本前提，是国情水情调查的组成部分，是水文化遗产建设的基础工作。从 2012 年开始，新疆生产建设兵团办公厅进行全兵团文物普查，普查中包含了水文化遗产部分，收录了近现代以来建设的多处物质类水文化遗产，分类为汤泉古井、水闸洞渠、桥梁堤坝、水电站、水库等（表 1）。

表 1　新疆兵团水文化遗产情况

文化类型	遗产数量	遗产分布	文保级别 / 数量
汤泉古井	35 项	兵团一师 12 项、兵团三师 8 项、兵团八师 9 项、兵团十师 6 项	兵团级 5 项 未列入 30 项
水闸洞渠	83 项	兵团一师 4 项、兵团二师 6 项、兵团三师 6 项、兵团四师 18 项、兵团五师 4 项、兵团六师 4 项、兵团七师 5 项、兵团八师 4 项、兵团九师 9 项、兵团十师 10 项、乌管局 7 项、哈管局 10 项、兵直单位 2 项	兵团级 10 项 师市级 32 项 未列入 41 项
桥梁堤坝	85 项	兵团一师 6 项、兵团二师 5 项、兵团三师 8 项、兵团四师 13 项、兵团五师 8 项、兵团六师 4 项、兵团七师 5 项、兵团八师 4 项、兵团九师 8 项、兵团十师 9 项、乌管局 7 项、哈管局 6 项、兵直单位 2 项	兵团级 15 项 师市级 35 项 未列入 35 项
水电站	65 项	兵团一师 4 项、兵团二师 2 项、兵团三师 8 项、兵团四师 10 项、兵团五师 9 项、兵团七师 5 项、兵团八师 5 项、兵团九师 8 项、兵团十师 9 项、乌管局 7 项、哈管局 6 项、兵直单位 2 项	兵团级 13 项 师市级 20 项 未列入 32 项
水库	105 项	兵团一师 7 项、兵团二师 9 项、兵团三师 8 项、兵团四师 22 项、兵团五师 7 项、兵团六师 6 项、兵团七师 5 项、兵团八师 5 项、兵团九师 10 项、兵团十师 11 项、乌管局 8 项、哈管局 10 项、兵直单位 3 项	兵团级 13 项 师市级 28 项 未列入 64 项

四、从视觉艺术阐释兵团水文化景观与生态特征

文化景观可以通过文本、视觉艺术造型及其他类型呈现，阐释文化景观的价值与内涵，本节重点借助视觉图示语言来阐述兵团水文化景观的价值内涵与特征。通过开放平台网站、兵团地方水利志等文史资料，获取一些老照片以及主题宣传画，在图片中提取关键元素，并结合当时时代背景阐释兵团水文化景观，揭示其中的政治、社会与文化内涵。

视觉艺术的阐释。在视觉设计领域，文本的视觉艺术不仅是文本的视觉形式的设计，而且是在遵循视觉表达规律的前提下更全面地考虑和运用各种处理方法。兵团水文化景观的视觉呈现主要有以下三种类型：

（一）兵团初期：艰苦创业形象构建

新疆早期水利工程建设主要集中在 1950—1954 年，其中，有图像资料的为：乌鲁木齐和平渠、十八团大渠、母亲水库、八一水库、新疆玛纳斯河东岸大渠、哈密红星渠兴修工程、焉耆解放一渠兴建工程等。草创时期的水利工程都具有共同的特点——实用性质较强。

兵团修建团结渠版画（图3）所呈现的为兵团战士和当地民族人民一起兴建的水利工程，以"团结渠"命名，象征着新中国成立初期军队专业生产建设兵团与各族人民共同建设新疆团结统一的精神。通过记载的图像与版画资料可以看出草创时期工业化水平有限，兵团水利工程都是以人工为主，在图像里可以看到有锄头、独轮车、铁锹等工具，草创的记载图像承载着建设兵团和当地居民浓浓的创业激情和对美好生活的向往，图像展现的是最本质的农村劳作建设的场景，会使观者产生浓烈的代入感。兵团修建的斗口分水闸（图3）中的进水闸是由木板组成，反映出当时钢铁等物资匮乏，劳动者充分发挥因地

附

录

图3　艺术形象中兵团修建水渠形象呈现——《丰收在望》(林镜淞作)

制宜的营造智慧就地取材。两名身穿军装的解放军农垦战士手拿铁锹在绿色田野间休息交谈，显示出在水渠的引水下农作物在戈壁滩上得以生存，荒原上干旱绿洲的雏形初步形成。

宣传画中劳动人民在冰天雪地中用锄头、铁锹等工具凿开冰块，在冰面上撒些泥土，加速冰雪融化。劳动中的人民有男有女，在宣传画最前方是女性劳动者，显示了新中国成立后妇女生产力的解放。在远方可以看到"水利是农业的命脉"的字样，表明了当时水利建设对农业生产的重要性。从历史老照片中，可以看出各族人民在条件恶劣的环境下用最原始的手段搬运原始的自然材料，在如此艰苦的集体土地下进行着水利建设，并没有因为条件艰苦而抱怨，手连着手、心连着心，为共同的美好愿景，靠自己勤劳的双手进行奋斗。

（二）建设时期：众志成城的奉献精神阐释

在建设时期主要是根据技术的提升和需求进行的二次开发建设，大多数的是在前期工程上修建，二次扩充，同时部分水利工程已经开始使用或者建成完工，主要有保留下来的图像资料。

主要时间为1954—1963年，在建设兵团通过前期水利工程的新建，由于兵团规模变大，建设规模的变大进行的二次修建工程。在建设阶段，通过图像反映出的新疆当时的技术、经验、社会环境，图像传达的红色精神、创业精神、建设精神，都是非常饱满浓烈的，这些精神都可以通过这种热火朝天的建设场面将这种情绪和情感通过视觉传递出来。

（三）成熟时期：生态及文化的多维度价值利用

在这个时期的兵团水利建设主要为收尾和现代化加固维修，美化阶段，这个时候的建设在原有的实用的基础上变得更加注重美观，审美和生态价值作为主导，主要理念为"人与自然""城市与自然"的结合，打造风景区、观赏区、城市地标等景观，代表水利工程主要有以下几处：

十八团大渠图像资源：该河渠的图像呈现主要在河渠雕像，描绘了在修建大渠过程中兵团士兵工作的场景，以及王震将军纪念雕像，通过这种雕像、图像更加生动直观反映那个时代的建设场景，对于观者会有更加直接的代入感和视觉想象。

石河子大泉沟水库图像资源：该水库常年水资源丰富，在建设兵团水利工程中是较大的工程，常年水面面积 11 平方千米，湖岸线上有粗壮浓郁的湖岸林，该水库区域内水质良好，水植物品类较多，其中主要有芦苇丛、红柳、毛腊等野生自然植物，这也为该地区的野生动物创造了良好的生存环境，据统计该区域有国家一、二级保护动物 30 多种，为生态旅游提供了得天独厚的条件，在视觉景观上更是突出自然文化，设计组成就考虑到野生动物和野生植物对整体景观的作用，营造出一种人与自然的风光，在视觉上营造"鲜活"的生动感。

原本因条件艰苦用水紧缺而作为生产生活用水的水渠，现如今随着科技经济进步，用水条件得到改善，生产功能不再作为主要功能，审美以及休闲娱乐的价值占主导，功能发生了转换。大多数城市中的水渠及其他的工程性水文化遗产，融入了城市景观绿地等空间之中。

结语

中国的水文化景观几乎涵盖了水文化遗产的所有类型，中国是水文化遗产类型最丰富、分布最广泛、效益最突出的国家。兵团水文化景观中的水文化遗产是中华文化遗产的重要组成部分，科学保护兵团水文化景观体系，挖掘传承兵团红色水文化历史，发挥水文化景观的工程效益，保障国家粮食生产，为兵团乡村振兴战略实施、促进兵团团场（镇）现代化发展提供了重要水利支撑。

本文对新疆（1949—1982年）水文化景观中的水利工程和水文化遗产进行了研究，并从图像、文本、建成景观三个层面，对新疆大型水利工程的视觉文化进行了详细研究，发掘了新疆建设兵团水文化遗产的运用，以及水文化景观的当代价值，并在这个基础上提出多方位发掘水文化景观的新价值，为水文化景观的保护工作提供长远支撑。水文化景观在现代更多的是作为一种无私奉献、艰苦创业的时代精神的载体，弘扬这种精神有利于加强思想道德建设，有助于弘扬社会正气，形成健康向上的精神力量。

品红色建筑经典，阅党史润天山——兵团红色建筑资源保护与开发调查报告

　　研究报告重点整理新疆红色建筑资源及现状分析，挖掘红色建筑资源的多维价值，通过规划与设计红色旅游路线塑造典型红色场所的环境品质和体验形式等实施路径研究，指导红色文旅融合项目建设。本项目主旨是"品红色建筑经典，感悟党史润天山"，感恩中国共产党在新疆的社会主义时期的建设与发展时期给新疆带来的千秋福祉，力求充分发挥新疆红色建筑遗产的红色文化时代价值，践行中央"文化润疆"的整体战略精神，服务新时代公共文化建设与文化的高质发展。

　　在调研实践过程中精选新疆范围内的红色文化建筑，从挖掘红色文化建筑的红色内涵、凸显红色旅游教育功能，发挥红色旅游经济效益，在旅游中阅读党史，书写、讴歌、礼赞、弘扬红色精神，不忘使命，铭记初心。让爱祖国、爱新疆的情怀，在天山南北的大地上发芽生长。

　　基于对新疆红色建筑资源的调查研究，在现有关于新疆红色文化遗产保护、开发利用的理论和实践基础上，借助现有文献与社会资源，分析新疆红色资源旅游开发的现状，以期能够找出增强新疆红色文化遗产价值转化的有效途径，提升红色文化场所多维度视听体验，让观众在学习、参观、游览的过程中以润物细无声的方式接受党史教育并牢记党恩，对增强中华文化自信，筑牢中华民族共同体意识具有重要的现实意义。

一、研究背景

历史长河中，中华民族形成了伟大民族精神和优秀传统文化，这是中华民族生生不息、长盛不衰的文化基因。红色文化具有特定理论内涵和表现形态，以红色建筑（遗迹）为代表的红色文化遗产展示了中国共产党的艰苦卓绝奋斗与辉煌的成就，其中蕴含的革命精神在新时代具有普遍的思想指引和精神领航价值。习近平总书记在党的十九大报告中强调，要"加强军队党的建设，开展'传承红色基因，担当强军重任'主题教育"。这充分显示出当前和今后一个时期进行红色基因教育的紧迫性和重要性。习近平总书记指出："一个不记得来路的民族，是没有出路的民族。"进行红色基因教育，目的就是要从历史中汲取前进的智慧和营养，把理想信念的火种、红色传统的基因一代代传下去，让革命事业薪火相传、血脉永续。基于新时期党史教育与文化建设总体要求，凸显出本研究的重要性和紧迫性。本研究以新疆红色建筑为视角，从红色文化资源价值阐述、现状问题、解决策略等方面，尝试提出科学有效的政策建议，探索红色资源保护与党史学习的深度融合的理论与实践策略。

二、研究价值与意义

（一）研究价值

开发新疆红色旅游资源，发展红色旅游，对于加强革命传统教育，增强新疆各族人民，特别是青少年一代的爱国情感，弘扬和培育民族精神，具有重要的现实价值和深远的历史意义。

1.弘扬革命文化、传承红色基因，为新疆红色文化资源注入强劲动力。首先，通过发掘新疆地区红色文化资源的内在政治价值，有利于促进中国特色社会主义执政文化的构建。

2.系统发掘、梳理新疆地区红色文化资源并阐释其深层价值，使之成为批驳错误思潮的强大武器，为建设具有边疆特色的社会主义先进文化提供坚实基础。新疆地区红色文化以爱国主义和民族团结为精神内核，为铸牢中华民族共同体意识提供了宝贵的思想资源。

3.新疆地区红色文化资源有利于构建共同价值理念，充分凝聚中华民族内在的精神追求、价值准则和行为规范，能教育引导人民积极响应新时代号召，树立正确的世界观、人生观、价值观。

4.以新疆地区红色文化资源为依托，借助于现代传播与创意产业的有效运作，有利于拓展红色文化资源的价值内涵，创新红色旅游新业态，打造具有边疆特色的红色文化支柱产业，实现社会效益和经济效益双赢。

（二）研究意义

拓展中国党史学习的多路径和多形式，在严肃、活泼中感悟红色文化资源中的党史，精准的受众对象定位，规划与设计出主题明确、实施科学的红色文化研学产品，对传承与弘扬红色文化经典，歌颂、赞扬、铭记中国共产党的治国之策具有积极现实意义。在现有关于新疆红色文化遗产保护、开发利用的理论和实践基础上，从感悟红色文化资源中的党史出发，借助现有文献与社会资源，通过收集整理新疆现有红色物质文化遗产进行现状分析，找出增强新疆红色文化遗产价值转化的有效途径，为新疆红色文化遗产的现状及其拓展中国党史学习的路径更好转化提供理论借鉴和实践引导。

1.有利于加强和改进新时期爱国主义教育。开发新疆红色旅游资源，积极发展红色旅游，将思想道德教育融入参观游览之中，有利于提高人们的思想道德素质，增强新疆民族团结和社会稳定，使新疆各族人民更加满怀信心地投入到建设中国特色社会主义事业之中。

2. 有利于保护和利用新疆革命历史文化遗产。革命历史文化遗产是中华民族宝贵的精神财富。遍布全疆各地特别是纪念馆、革命旧址、烈士陵园等爱国主义教育基地，是新疆社会主义思想文化的重要阵地。开发新疆红色旅游资源建设和巩固新疆社会主义思想文化阵地。

3. 有利于带动民族地区经济社会协调发展。帮助民族地区人民尽快致富，是新疆各级党委和政府的重要任务。开发新疆红色旅游资源，发展红色旅游，用其他旅游形式带动红色旅游的发展，是带动新疆民族地区人民致富的有效举措，为新疆民族地区经济社会发展注入新的生机活力。

三、研究目的

（一）通过游览红色建筑（遗址）学习党史，拓展党史教育的新途径

习近平总书记说过："历史是最好的教科书，也是最好的清醒剂。""对我们共产党人来说，中国革命历史是最好的营养剂。""学习党史国史，是坚持和发展中国特色社会主义、把党和国家各项事业继续推向前进的必修课。这门功课不仅必修，而且必须修好。"历史、现实、未来是相通的。历史是过去的现实，现实是未来的历史。学好党史国史，这是我们走好中国特色社会主义道路的必修课。

（二）在新时代传承红色文化基因

为了有效保护好红色建筑遗产、忠实传承好党史精神、合理开发好红色旅游路线、科学利用好红色文化资源，深入挖掘体现党史文化以及蕴含出的优秀共产党员的鲜明时代性、先进

性、科学性。大力弘扬坚定的政治信念、爱党爱国爱家乡的家国情怀、见义勇为的高尚品德、爱边守边的执着精神、民族团结的生动故事、忠诚朴实的家风传承，在全社会营造崇尚革命精神。

（三）学党史，铭初心的爱国主义与美育教育融入课程思政的"三全育人"体系

立足兵团、扎根新疆的时代背景下，在落实第三次中央新疆工作座谈会习总书记提出"文化润疆"的大趋势下，贯彻落实党中央治疆的需要，实现新疆社会稳定和长治久安总目标，必须要大力推进天山南北的"学党史，铭初心"的爱国主义与美育教育，并且融入"三全育人"中。在人才培养需要在以德为先，以美育为先导，从思想上增强爱国、爱疆、爱校的文化意识和文化自信，为培养合格人才设定清晰的边线，通过红色旅游路线的深度建设与开发，在红色建筑遗产中学习党史，以潜移默化和润物细无声的方式作用于学生成长与成才的过程中。

四、研究方法与研究思路

（一）研究方法

1. 文献研究法：本文强调多学科融合的研究思路，以文献研究为基础，甄选能够反映中国共产党在新疆社会主义建设与发展的相关革命事迹和遗址、展示社会主义优越性的历史文献及城市建设等资料，开展文献研究。立足多学科的交叉融合，借鉴运用文献学、图像民族志学、艺术学等多学科方法，利用"左图右史"研究范式，构建中国共产党在新疆建设与发展的艰辛与辉煌历程，学习党史，铭记初心。以无形与有形的红色资源为载体，揭示中国共产党的辉煌成果与社会主义特色道路

的正确性。

2.实地考察法

本研究通过"透物见人""以小见大"的整体性研究，借鉴个体特质研究揭示区域普遍规律的研究方法，深入文化馆、纪念馆，并结合以文献历史资料，深入理解新疆红色文化的特殊内涵。通过访谈红色文化亲历者以及见证者，包括当地文化部门、博物馆工作人员以及熟悉当地历史文化的人民，以期得到独特的历史资料，形成独到的见解，增加史料的真实感。同时，采用理论与实证结合的研究方法，全面挖掘新疆红色文化的生成、多维度价值，通过对红色文化资源的价值阐述、红色文化遗产地文旅融合规划与设计，发挥新疆红色文化资源在党史主题教育、人居环境提升等理论与实践中的作用。

（二）研究思路

对新疆红色建筑（遗址）文化类型、特征及价值分析，旨在更好地诠释红色建筑（遗址）文化资源中蕴含的党史学习与展示的价值与功能。选取新疆典型的红色文化遗址及其他红色文化资源，进行社会学和艺术学、新闻传播学等领域的调研，利用新媒体技术等搭建线上与线下游览红色展馆的学习平台、规划与设计线下红色文化在地体验线路（主题性红色研游路线），满足不同人群需求，拓展学习模式与渠道，更好地有机融合到学习党史的过程中，感受爱国主义教育，开展牢记使命，不忘初心的党员主题教育活动。力求在寓教于乐中接受党史教育，培养爱国爱疆的情怀与实践。具体分为两个步骤：

1.制定翔实的田野调查。在新疆范围内红色物质文化遗产的梳理及调研中，按照距离范围划分调研区域。采用围绕红色建筑（遗址）距离的远近安排田野调研的方式方法。

2.在田野调查基础上结合史料互证研究。本项目参照国内红色文化理论和研究的相关成果，同时借鉴了党史资料以及相关研究的新闻和报道等。将田野调查和文献梳理这两种方法结合起来，通过对新疆地区红色建筑（遗址）进行田野调查，在参与观察的基础上取得第一手资料。整理出有代表性意义的红色建筑（遗址），在田野调研的基础上进而对红色建筑（遗址）的保护状况、传承情况和文化生态等进行研究，在此基础上进行个例性的重点探析。尝试着对红色建筑（遗址）的保护与发展状况、红色文化精神传承、红色旅游路线开发等问题进行整体性和系统性的研究，力争为新疆红色建筑（遗址）旅游领域的开发研究提供一个鲜活的个案。

五、科学性、先进性及创新性

（一）科学性

通过数字技术带给人们沉浸式新体验，也为保护文物资源、弘扬红色文化、传承红色基因提供了新的路径。践行"红色文化现代表述"理念，综合运用实物、照片、模型、绘画、雕塑、影像等多种形式，借助声、光、电等现代科技手段，加强数字开发利用，推进"互联网＋红色文化资源"进行全景式、立体式、延伸式展示。整合红色文化资源、自然人文景观和非物质文化遗产等，形成联合展示体系。不出门，也能游览红色文化遗址。通过打造小程序，在线上"一览无余"参观红色文化遗址，可以弥补不能去现场感受的遗憾。

（二）先进性

将红色建筑（遗址）同党史的角度相联系，从游客感知角度及新疆红色旅游发展角度进行分析，拓宽新疆红色旅游研究的视角。避免单纯从旅游资源、旅游目的地等视角进行的研究，并且阐述新疆红色建筑（遗址）旅游与红色、军事、军垦以及兵团农工业旅游之间的关联性。指出当前的新疆红色资源的历史文化底蕴，为我们坚定不移地走中国特色社会主义道路，实现中华民族的伟大复兴，提供了自信和前进的动力，也是一个新的看待问题的视角。

（三）创新性

将红色建筑（遗址）与党史学习相结合，在发展红色旅游路线的基础上拓宽党史学习新思路。在现有关于新疆红色建筑文化遗产保护、开发利用的理论和实践基础上，从建筑遗产中的党史学习的保护开发与利用角度出发，借助现有文献与社会资源，通过收集整理出新疆现有红色物质文化遗产的基本谱系，对新疆红色物质文化遗产的概念进行辨析、现状进行分析，此方法具有一定集成创新性。新疆红色旅游的发展将为实现"三个文明"建设的有机结合，推动新疆精神文明建设，新疆构建社会主义和谐社会提供巨大的推动力。

六、研究内容

（一）红色建筑（遗址）概念界定及其与党史的关联性

1. 红色建筑（遗址）的概念界定

本项目研究的新疆红色建筑（遗址）是指"与以中国共产党领导人民在革命和战争时期发生的重大历史事件、革命运动或者著名人物有关的以及具有重要纪念意义、教育意义或者史料价值的近代现代重要史迹、实物、代表性建筑"。红色建筑文化资源包括：党的重要机构旧址；重要事件、重大战役战斗发生地；重要党史人物故居、旧居与活动地址。目前，学界对于红色建筑并无确切定义，对新疆地区红色建筑（遗址）更鲜有研究。其红色建筑（遗址）发展需要进行一系列建筑领域的红色化探索，红色建筑（遗址）具有鲜明的时代烙印和政治色彩，承载红色记忆，传承爱国情怀，它是真实再现党和人民积极投身革命与边疆建设的历史实物。根据《中华人民共和国文物保护法》第一章第二条，革命旧址被笼统地划归为"与重大历史事件、革命运动或者著名人物有关的以及具有重要纪念意义、教育意义或者史料价值的近代现代重要史迹、实物、代表性建筑"。

红色建筑（遗址）是中国共产党艰苦奋斗与取得辉煌成就的物质载体，是具有独特精神和审美特质的典型范式。它作为一种文化的特殊艺术形态，具有书写、讴歌、传承中国共产党红色基因的重要功能；作为阐述中国共产党精神内涵和发展历程的重要形式，具有在新时代鼓舞人、激励人、感染人的重要作用。

2.红色建筑（遗址）与中共党史的关联性

红色建筑（遗址）是书写、讴歌、传承、弘扬红色精神的重要形式。红色建筑遗产作为重要的红色文化载体，反映了中国共产党在创业历程中秉承艰苦奋斗精神，砥砺前行、不懈奋进的奋斗史诗。

"中共党史"是中国共产党历史的简称。党的历史，是中国共产党的一笔宝贵财富，蕴含着丰富的营养、智慧和开拓前进的力量，是推动中国特色社会主义伟大事业和党建设新的伟大工程的重要资源。在 2010 年 6 月下发的《中共中央关于加强和改进新形势下党史工作的意见》中明确指出，"党史遗址以及有关文物资料是中华民族物质和非物质文化遗产的重要组成部分，必须精心保护。结合国家文物普查，组织开展党史遗址普查，重点摸清革命遗址底数，同时注重调查党史方面的非物质文化遗产"。这是在中央文件中首次出现"党史遗址"和"党史方面的非物质文化遗产"的提法。作为文化遗产重要组成部分的党史文化遗产，除了具有文化遗产的基本特征外，还具有其自身的独特性。结合文化遗产的内涵，党史文化遗产同样可以分为党史方面的物质文化遗产和党史方面的非物质文化遗产。党史方面的物质文化遗产主要是指各种以物质形态存在的具有历史、艺术和科学价值的党史文物，包括党在革命、建设和改革各个历史时期具有历史意义的党的各类会议旧址、党史人物故居或旧居、党的各类机构旧址、党史事件发生地和党史人物活动地等，具有纪念意义的烈士墓、烈士陵园、纪念碑、纪念馆、纪念地等。党史方面的非物质文化遗产主要是指各种以非物质形态存在的与党和人民群众生活密切相关、世代相承的党史文化表现形式，包括党在革命、建设和改革各个历史时期以非物质形态留下的革命思想、革命精神、革命文学、革命戏剧、革命歌曲、标语口号等。

（二）新疆红色建筑（遗址）价值阐述

1. 守正创新发展的源泉。新疆红色建筑（遗址）之所以宝贵，是因为它们是新疆历史文化、党史文化代表性的物质载体，体现了多元文化的审美价值，是饱含革命记忆的宝贵资源。它们具有时代性、不可再生性和不可替代性，具有特定文化、精神的符号性意义，构筑于人们内在的道德传统、审美情趣之中。在新疆地区，该类红色建筑文化遗产还是红色基因与民族文化结合的产物。红色精神文化，主要指的是中国共产党在革命和建设实践活动中升华出的价值观念、审美情趣、思维方式和优良作风等，如井冈山精神、长征精神、延安精神、西柏坡精神等。在新疆，不仅有"热爱祖国、无私奉献、艰苦创业、开拓进取"的兵团精神，更有自近代以来新疆各族人民在抵御侵略、反对分裂、维护祖国统一和建设美好家园的历史进程中始终守望互助的民族团结精神。新疆红色建筑遗产体现的家国情怀、社会责任感和理想信念，是最宝贵的文化遗产。

2. 春风化雨润心田般的红色基底。随着时代的发展，红色建筑（遗址）拥有的无限魅力依然会给我们无尽的启迪和动力，是红色精神、红色文化中的红色基底。今天，当我们在学习、参观、游览红色建筑（遗址）的时候，我们不会忘记封建腐朽势力的专制，更加铭记日寇铁蹄的残暴，更加感动于两万五千里长征的雄壮和波澜壮阔的社会主义建设高潮。诚然，在这个过程中，也存在许多让人们不会忘记的挫折教训，有的甚至是血的烙印。但是，毋庸置疑，百年来革命和建设所包容的丰富的文化内涵，表现出的中华民族的磅礴大气，所代表的先进文化的意义，永远是后人应该汲取的宝贵财富。所以说，弘扬红色文化，可以使我们树立起民族自豪感，形成自强不息、厚德载物的人生精神，养成实事求是的科学态度，铸造与时俱进的革命品格，任何以简单化、平面化的娱乐情趣稀释消解红色经典的作为，都是对历史的无知及亵渎，或者说是对其中深刻意义理解的偏颇。

（三）国内研究现状

1. 国外研究综述。国外关于类似文化遗产的研究和实践经验主要集中在对遗存的战争战场的保护和开发方面，国家革命战争史，如法国诺曼底登陆遗址开发，欧洲反法西斯战争遗迹、故居、博物馆、遗迹等，这些国家很重视对以本国发展历史中革命斗争为背景的文化遗产的保护与开发利用。在西方众多国家，对资产阶级革命和无产阶级斗争的相关遗产旅游开发和研究中，也有不少开发成功的案例可以借鉴，如俄国的列宁墓、冬宫、斯莫尔尼宫，法国的凡尔赛宫等。可以说，目前国外（尤其西方发达国家）在类似文化遗产价值分析、价值评判等领域已有相当数量和质量的研究成果，对此类文化遗产价值的评析也有较为全面的理论和方法。国外研究者普遍认为，人们对文化遗产的价值考量会因社会文化的巨大转变以及文化本身的易变性而发生改变。以上相关研究成果涉及近现代资产阶级和无产阶级斗争文化遗产研究，较为全面，同时具有很强指导性，尤其是对文化遗产价值分析的理论和方法已经发展得比较完备，这对我国红色文化遗产的价值分析和评判无疑具有重要的借鉴意义。

2.国内研究综述。红色建筑（遗址）在学界研究不多，在红色文化研究中被作为研究的物质形式载体。红色文化自被提出以来便引起学者的研究热忱，因其随着我党的历史发展而发展，具有鲜明的特殊性，因而各地红色文化研究"热潮"不断。新疆兵团因其特殊的"党政军企"一体结构以及特殊的历史使命，也具有独特性。物质红色文化是文化遗产的一种表现形式，与红色文化遗产是部分与整体的关系。

（1）关于红色文化遗产的保护、开发利用研究。刘建军（2016年）在《河北省域红色遗产的传承、保护和利用研究》中着重对河北省的红色遗产的作用及保护现状进行了论述；姚建涛（2013年）在《论红色文化遗产的双重保护》中重点探讨了对红色文化遗产的法律保护和非法律保护；禹玉环（2014年）在《遵义红色文化遗产的档案式保护策略探讨》中对红色文化遗产档案式保护的原则和方法进行了论述。

（2）关于物质形态的红色文化遗产的研究，则主要集中在革命历史文化遗址与红色资源和红色旅游方面。杨涵浈（2015年）在《红色旅游中的中共党史教育研究》中突出了红色旅游的党史教育功能；冯淑华（2011年）在《红色旅游的价值与本体回归探讨》中从本体论和认识论两个哲学层面来探讨红色旅游的价值内涵，并以此为理论基础讨论红色旅游的本体回归及其途径；任婕（2013年）在《延安市红色旅游客源市场与游客行为研究》通过分析红色旅游中客源市场与游客行为，提出拓展延安市红色旅游市场的对策。

（3）关于对红色文化遗产的价值及其转化方面的研究。江婕、况扬（2013年）在《三维全景技术在红色文化遗产保护中的应用》中开展了三维全景技术作为红色文化遗产保护手段的研究；曹东辉、朱文生（2015年）在《中央苏区红色文化遗产数字化保护平台的设计与实现》中以中央苏区的红色文化遗产为研究平台，对红色物质文化遗产的数字化保护进行了详细总结。

（4）关于新疆红色物质文化遗产的研究主要分散在以"新疆红色资源"和"新疆红色旅游"为主的研究中：如张珏、阿布都热苏里·胡达拜地、帕尔哈提·艾孜木（2007年）在《新疆红色旅游发展研究》中主要考察了影响新疆红色旅游发展的因素，并提出应该编制新疆红色旅游发展的总体规划；张滢（2013年）在《红色旅游资源的深度开发研究——以乌鲁木齐市为例》中对乌鲁木齐市红色旅游的市场特征开展了问卷调查，并细致分析出市场的主体、客体及介体特征，进而分析乌鲁木齐市红色旅游存在的问题，并提出调控措施；林平（2011年）在《论兵团屯垦戍边教育基地暨红色旅游资源的开发保护》中论述了兵团屯垦戍边教育基地暨红色旅游资源的价值作用，并提出了保护、开发和利用的对策；张玉祥（2015年）在《新疆红色文化资源融入"中国近现代史纲要"教学的探讨》中主要对新疆红色文化资源在"纲要"实践教学中的具体应用方式进行了考察；李婷（2016年）在《新疆红色资源在大学生思想政治教育中的运用研究》中系统地对新疆红色资源及其在大学生思想政治教育运用过程中出现的问题和对策进行了论述。

通过对国内外研究情况的总结可知，在吸收国际通行做法，以及联合国教科文组织对物质文化遗产的保护和开发利用的经验基础上，我国对文化遗产中红色物质文化遗产的重视与日俱增，关于新疆红色建筑（遗址）文化遗产的相关研究亟待展开。

目前，国内关于红色文化遗产的相关研究日趋多元，既包含物质的，也包括非物质的，历史、旅游、思想政治教育、传媒、人文地理等领域均有所涉及，研究范围从全国、省、地区到市县、乡村以及某一个具体遗产实物。

综上所述，既有研究成果提供一定的可借鉴理论价值。以红色建筑遗产的线上展示与线下主题线路的红色研学体验形式，阐述古丝绸之路上的文化。通过新媒体技术与场地融合的方式，增强受众欣赏的趣味性和传播实效性，拓展党史学习的新路径。依托红色建筑（遗址）的红色文化传承及进行党史学习研究。

（四）新疆红色建筑（遗址）资源类型、空间分布格局

课题组通过文献阅读与田野调查的方法，对新疆区域内的红色建筑（遗址）旅游资源在空间分布、价值内涵方面进行梳理研究，重点是红色建筑资源的整理和价值内涵的阐释，更清晰感悟红色文化资源给我们带来的精神力量与开创新时代的方向，以下根据红色建筑（遗址）的资源类型和空间分布格局进行详细阐述。

1.新疆红色建筑（遗址）资源类型。中国共产党从诞生之际，其艰苦奋斗的历程就是一部红色革命史。其中所展现的红色精神值得当代人民的学习与永记，而现存的历史建筑（革命遗址、工业建筑等）能够体现这种红色精神，新疆地区的红色建筑（遗址）就是其代表性的建筑之一。他们反映了中国共产党在新疆艰苦创业、砥砺前行的奋斗精神，共产党人大无畏的革命精神和勇于开拓进取的创新精神。通过文献阅读和田野调查，对典型红色建筑蕴含的党史观进行价值分析（表1）。

表1　部分红色文化建筑艺术及蕴含的价值分析

序号	名称	所在地区	价值内涵
1	石河子军垦旧址	石河子市	展示新中国下共产党领导人民在戈壁滩上建新城的艰苦创业及辉煌历程
2	周恩来总理纪念碑	石河子市	诠释中国共产党人周恩来全心全意为人民服务的宗旨

序号	名称	所在地区	价值内涵
3	毛泽民办公室及宿舍旧址	乌鲁木齐市	学习革命先烈毛泽民同志魂铸天山的精神
4	八路军驻新疆办事处旧址	乌鲁木齐市	再现中国共产党人在新疆进行抗日救亡运动的历史全貌
5	三区革命政府旧址	伊犁哈萨克自治州	反映中国共产党在团结各族人民与反动派奋斗到底的革命信念与决心
6	小李庄军垦旧址	昌吉回族自治州	发扬奋斗精神、保护祖国边疆
7	红军西路军进疆纪念园	哈密市	发扬西路军战士英勇顽强、不怕牺牲的革命英雄主义气概

　　红色建筑文化资源包括：党的重要机构旧址；重要事件、重大战役战斗发生地；重要党史人物故居、旧居与活动地址。其红色建筑（遗址）发展需要进行一系列建筑领域的红色化探索，红色建筑（遗址）具有鲜明的时代烙印和政治色彩，承载红色记忆，传承爱国情怀，它是真实再现党和人民积极投身革命与边疆建设的历史实物。通过红色建筑（遗址）进行红色爱国主义教育，实现区域内党员教育、学生爱国主题教学实践的功能。其目的就是在天山南北播撒红色文化的种子，让党员干部和青少年继续发扬"南泥湾精神""三五九旅"精神。这些是对红船精神、井冈山精神、延安精神的继承、弘扬和传承。

　　2.空间分布格局。在分布格局方面，从全新视角展示了经典红色旅游景点的空间分布和具体位置。红色文化资源是弘扬红色文化、传承红色传统、发扬红色精神的重要载体。通过分析可以有效地推进红色资源信息化建设和红色文化产业发展。积极挖掘红色资源，运用直观形象的地图表现形式，展示出新疆地区红色教育基地、重要历史事件，红色精品旅游路线等红色内容。通过学习、参观、游览红色建筑（遗址），观众可以了解、认识和追寻中国共产党建党百年来所取得的丰功伟绩和光辉历程。

（五）红色建筑（遗址）资源利用现状调查研究

1.红色建筑（遗址）资源的保护与利用现状。新疆不仅有浑然天成的自然风光和浓郁的民族风情，同样也有独特的红色资源，红色旅游发展前景广阔。新疆红色旅游资源类型多样，主要有博物馆、纪念馆、烈士陵园、军垦遗址等，并且广泛分布于各地州市。对现已开发的红色旅游资源进行统计，目前被列入省级以上的红色文物保护单位的分布情况是北疆有 76 处（其中，兵团有 21 处）；南疆有 37 处（其中，兵团有 13 处）；东疆包括吐鲁番地区和哈密地区有 10 处兵团。诸多红色资源承载着丰富的精神文化内涵，对培养广大群众爱国主义情怀、继承和发扬无产阶级革命光荣传统、加强青少年思想道德建设具有十分重要的意义。

目前在全国影响力大、知名度高的红色文化场地数量稀缺，与整体基数不成正态分布，如乌鲁木齐革命烈士陵园、军垦博物馆、"三五九旅"革命历史陈列馆等一批红色文化建筑（群），在区域乃至全国具有重要的影响力，而大量的红色文化资源还有待提升环境和整体性的文旅融合的规划与设计，提高社会认知度，从而能够作为学习党史、接受爱国主义教育的核心基地。同时通过红色文旅融合的路线与环境提升，改善区域人居环境和培育红色文化旅游产业，提高当地居民收入，起到良好的经济效益和生态效应。

2.红色资源的社会认知程度调查。基于"青少年对红色资源的认知程度"的专题调研，通过了解青少年对红色资源认知程度以及认同感，分析对于红色资源的宣传力度及方式方法存在哪些问题，提出针对性解决措施。青少年对红色资源的"认知、认同、接触情况"调查问卷包括个人基本信息、认知情况、行为情况和需求情况四个部分。数据采集通过随机抽样的方式发放纸质问卷，一共发放100份问卷，回收91份，其中有效问卷85份，通过分析有效问卷的整体态势有如下总结：

（1）调查显示，对于中国红色革命史的了解程度上，仅有7.14%的人非常了解，其中占比最多的还是比较了解，占比54.08%，还有13.27%的青少年没有了解。

（2）调查表明，对于在哪些途径了解红色资源上，大部分青少年是通过网络等视频资源，占比48.23%；实地参观纪念馆，遗址等，占比21.18%；通过互联网进行云参观占比最少，仅有10.58%。

（3）据调查可知，在更愿意选择哪个地点出游时，选择历史风景名胜的青少年最多，占比50.58%；选择现代化城市出游的，占比23.52%；而选择红色革命根据地的青少年仅有17.64%。

通过"青少年对红色资源的认知程度"的调查分析得出，青少年对红色文化资源的认知程度普遍不高。对于了解红色资源的途径比较单一，与当下互联网数字化发展趋势没有形成正态化呈现，实地参观人数占比不足。在青少年选择出游地点时，风景名胜和现代化都市占比最多，对于红色革命根据地选择人数少，大多数青少年更有意向选择环境优美、硬件设施齐全的场地出游。

由于红色文化主题馆都是建设在一些经济相对薄弱的地区，所以这些地方的基础配套设施都处于相较落后的状态。当地的宾馆以及游玩的地方的整体服务水平都是比较低的，也没有合适的饭店来接待游客，所以很多游客在选择游玩地点时，都不会选择此类地区。因此，政府必须要重视这个问题，尽可能向一些经济发展较落后地区的红色文化主题场馆的建设投入更多的人力和财力，提供更多的支持。

（六）在红色建筑中阅读党史——多模式场景体验提升

针对新疆红色文化资源的认知不足，市场经济严重影响红色文化传承需提升等问题，本项目希望通过"线上与线下主题性红色旅游线路规划设计""红色文化场馆的品质提升设计方案"等设计内容，拓展红色文化资源的受众对象，提升多模态的视听体验。通过视听艺术与红色文化遗产有机串联，打造引人入胜的红色故事，避免故事过于庄重而晦涩无趣。本研究以青少年为受众主体，使他们在潜移默化、寓教于乐中认知党史、树立正确的党史观。尝试选取具有代表性的红色建筑艺术等红色经典，让受众对象体悟红色经典建筑，阅读党史润天山，以艺术化方式阐释中国共产党建设天山南北的辉煌历史与未来展望。作为精神镜像和文化遗产的红色经典，一定会长久地延续下去。在阅读红色建筑艺术中，重温每一步党的历史进程，感党恩、颂党情，铭记初心，服务人民。具体方案如下：

1. 红色旅游线路规划与设计。人们学习革命历史、感受革命文化的愿望日益强烈，参观革命旧址、纪念馆、博物馆蔚然成风，红色旅游逐渐发展起来。从 2004 年到 2020 年，全国红色旅游资源不断扩充，越来越多珍贵革命文物与游客见面，每年参加红色旅游的人次由 1.4 亿增长到 14.1 亿，许多红色景点成为中老年人重温激情岁月、感怀时代变迁的体验地，成为年轻人聆听红色故事、致敬英雄模范的"打卡地"。"有些红色旅游目的地热度在不断攀升。"[1] 据相关数据显示，全国红色文化旅游景区景点接待游客累计已达 51.7 亿人次，红色文化旅游综合收入累计达 1.35 万亿元；全国红色文化旅游直接就业130.6 万人，间接就业 510 万人。红色旅游满足了人民出门旅游的需求，也满足了宣传红色革命传统教育的目的，还带动了劳动力岗位的增多，促进了经济发展。

---

① https://mp.weixin.qq.com/s/xTnF42AjRkdeg1Z7ru_aRw

（1）线下旅游体验规划设计。目前红色文化资源，体验线路，将天山南北的红色文化资源根据主题进行线路规划与设计，满足不同时段与内容的需求，力求做到红色文旅产品能精准对标不同类型的服务人群，具体分解如下：

① "繁荣曙光" 红色旅游线路：红山公园—八路军驻新疆办事处纪念馆—乌鲁木齐市烈士陵园—自治区博物馆—毛泽民故居—中国工农红军西路军总支队纪念馆。

② "红色屯垦戍边" 旅游线路：塔城（红楼博物馆、伟人山、巴克图口岸）—裕民巴尔鲁克山（小白杨哨所、孙龙珍军垦烈士陵园）—裕民巴什拜展览馆—托里烈士陵园、黑油山、克拉玛依一号井—乌鲁木齐。

③ "民族团结、巩固边疆" 旅游线路：和田博物馆、王蔚纪念馆—墨玉老城—兵团第十四师47团解放军进军和田纪念馆—乌鲁瓦提风景区—达玛沟遗址—库尔班·吐鲁木纪念馆—和田。

（2）线上红色建筑艺术云体验。线上互联网信息传播具有广泛性、即时性、交互性、虚拟性等特点。随着信息技术的迅猛发展，新媒体已成为青年大学生接收和发布信息的主渠道，深刻影响着时下大学生的生活方式和思维方式。因此，依托新媒体平台，将红色文化资源大众化传播是时代发展的形势需要。仅停留在海报、展板、横幅、实地参观是远远不够的，必须紧跟时代潮流，贴近学生生活实际，让新媒体平台成为宣传红色文化资源及党史百年历程的重要阵地。

① 打造红色文化资源线上平台。深度融合数字新媒体技术，弘扬红色文化。运用数字新媒体技术例如增强现实等技术，让红色建筑（遗址）登上 "云端"，带给受众对象全新的体验。在线 "云体验" 红色历史建筑，让红色文化资源发挥了最大效应。营造具有高度震撼力和深度教育意义的红色经典建筑的视听体验，通过品红色经典建筑，阅党史润天山，使党史

学习更加具有感染性和便捷性，打造"永不落幕"的红色文化资源体验平台，阐述党史在新疆的百年历程。

对红色建筑艺术本身来讲，线上平台的建立有利于观众感受红色建筑的历史价值，同时促进党史广泛传播，增强传播的实效性。

② 手机微体验红色建筑。践行"红色经典、现代表述"理念，综合运用实物、照片、模型、绘画、雕塑、影像等多种形式，借助声、光、电等现代科技手段，加强数字开发利用，推进"互联网＋红色建筑（遗址）"，进行全景式、立体式、延伸式展示。整合红色建筑（遗址）资源、自然人文景观和非物质文化遗产等，形成联合展示体系。特别是，鼓励社会资金参与到红色文化挖掘、品牌宣传和文化输出中，在全社会形成红色资源保护利用的大格局和良性循环。

如图1所示，通过打造小程序，在线上"一览无余"参观红色建筑（遗址），能弥补不能去现场感受的遗憾。通过数字技术带给人们沉浸式新体验，也为保护文物资源、弘扬红色文化、传承红色基因提供了新的路径。一方面要加强与线下的联动。例如，通过在展览实物旁张贴二维码等方式，让观众实现扫码观展；又如，通过互联网平台收集观众意见，改进展陈工作。另一方面，也要广泛宣传，扩大影响力，让不能到实地观看的游客可以上网观看。

2. 红色文化场馆的品质提升设计方案。深入发展数字文化和旅游，加快文化产业和旅游产业数字化转型，积极发展演播、数字艺术、沉浸式体验等新业态，依托视觉设计学、建筑学等交叉学科为学科支撑，探讨新疆红色文化空间保护与创新示范研究。研究内容主要凝练为三点：

第一点，着眼推动红色文化场馆线上线下融合，部署培育壮大零售新业态，积极发展"互联网＋游览"，深入发展数字文化和旅游，为文化空间保护与开发提供资源基础。

| 附近景点

毛泽民故居

★★★★★　3538条评论

| 新疆红色景点

军垦博物馆

★★★★★　610385条评论

八路军驻新疆办事处旧址

★★★★★　114745条评论

红军西路军进疆纪念园

★★★★★　82338条评论

图 1　红色建筑（遗址）虚拟游览意向图

第二点，遴选新疆区域内具有典型性和代表性的红色文化空间场所进行保护和创新示范的理论研究，为相似区域提供一定的参考。

第三点，优先建设特色红色文化空间的实践示范研究——以小李庄军垦旧址为例。研究目标是丰富新疆特色红色文化空间类型，拓展既有空间的功能，使特色空间起到文化惠民与共享，整体提升新疆红色公共文化空间的品质，塑造新疆红色历史遗址良好视觉形象，助推宣传党史在新疆发展历程具有的重要意义。

选取红色军垦旧址小李庄为例（图2），找出现存在问题，进行针对性品质提升。该村庄位于玛纳斯县兰州湾镇区域内的玛纳斯古河道东岸台地上，当地人称为小李庄。四周均为开阔农田，东侧紧依南北向的乡级公路。东南、西北约1000米处各有一座水库。1953年新疆军区农业第十师在此地建立师部，后为农八师三十团一分场场部驻地，1969年后为中国人民解放军36048部队驻地，现已废弃。部队旧址为一处院落式建筑群，四周有砖砌围墙，建筑为"凸"字形或多边形。房屋均用红砖砌筑，表面刷白灰，顶部铺设红色铁皮。由于建筑具有特殊性意义，本案在改造上保留原有建筑构造，尽可能地修旧如旧。在用地属性上，在保留它原有属性的基础上，附加新的使用功能展示区、报告厅等，使其有古今共存的意义，焕发新的活力，投入到日常使用中。可作为兵团文化的展示平台，也可供周边团场（镇）以及村庄组织各种活动使用，或者作为办公用地。小李庄军垦旧址在红色文化资源上有很大优势，但基础设施有很大的不足。从室外景观的角度来说，没有充分利用空间，缺失标志性雕塑装置等，虽然留存着许多军垦遗迹，但整个基地内道路略显不平整，如果遇上天气状况不好，就会为旅客游玩造成不便。在建筑室内方面上存在展览手段单一，功能空间分布不合理，导视系统不明确等缺点。现针对以上提出问

图2 小李庄现状

题做出如下提升：

（1）红色主题的场馆景观环境品质提升规划。通过打造红色主题景观（图3）。在线性空间中，道路两边种植高大乔木，可以形成垂直空间，增强景深效果，对人的视线也起到引导作用，宽阔的集散广场空间方便组织各种党史学习实践活动。打

图 3　红色主题景观图（图未源：作者自绘）

图 4 红色主题雕塑图 (一) (图未源: 作者自绘)

图5　红色主题雕塑图（二）（图来源：作者自绘）

造新疆生产建设兵团特色红色景观绿化区，体现屯垦戍边营造优良环境，同时又可达到吸引人、留住人、经济发展与生态环境相协调的可持续发展的目的。红色文化主题雕塑，体量高大的主题雕塑（图4、5）立于平坦的地形上，仰视的视角给人以崇敬之感，雕塑内容主要表达共产党在新建初期建设上的艰辛历程与伟大贡献。建筑外墙改造的文化墙（图6、7），采用中国印的形式突出表达"热爱祖国、无私奉献"和"艰苦奋斗、屯垦戍边"的主题，可对于宣传党史起到重要作用，同时又起

图 6 红色主题文化墙效果（一）（图未源：作者自绘）

图7　红色主题文化墙实景（二）

到美化人居环境，提升环境体验的多层功能。

（2）多维度的建筑内部空间功能拓展。本研究通过提升室内展览硬件设施（图8），利用合理的空间布局，将休息区与

图 8　红色主题室内展览馆设计效果图

游览区进行合理分割，充分利用休息空间区域，通过浮雕设计
展示中国共产党在新疆发展初期开垦新疆的场景，使观众在休
息的同时，能够更加有趣味地、主动地了解中国共产党在新疆

发展过程中承担的重要角色。通过将图文资料与数字化展陈手段相结合，营造出历史感和现代化氛围，加强沉浸式体验。同时，打造多功能报告厅（图9），通过多媒体展示中国共产党在新疆所做出的伟大贡献，将实地参观与影像资料相结合，起到宣传党史润天山的教化作用，从而达到红色基因代代相传的目的。加入一些数字化互动设备能够为观众提供更优质的感官体验。在科技水平高速发展的现代社会，各种数字化互动设备出现的频率越来越高，数字化互动设备的出现能够增强观众体验感，更好地传播党史和红色文化精神。将门厅与服务大厅（图10）打造成符合现代人审美的室内空间，同时加强"艰苦奋斗、屯垦戍边"的标志性宣传。

红色文化是推动我国历史发展进程的一个巨大精神动力，红色文化场馆的建设对于继承红色文化有着非常重要的意义。红色文化场馆在设计的过程中应当尽可能地依托现代科技技术，让观众能够以更加全方位、多层次的方式来感受红色文化。

3.展陈内容与形式的提升：认真讲好红色革命事迹。在广大青少年中开展党史宣传教育，就要努力创新方式方法。也就是说，宣传教育一定要管用，传递的正能量一定要达到预期的效果。具体说，一是用真理和正义来讲故事。真理是能够深入人心的，谎言永远是谎言。历史虚无主义的噱头，诋毁党和国家领导人、歪曲党史国史军史的言行，必须坚决抵制和斗争。二是通过历史事件和人物的鲜活故事来讲历史。以兵团为例，从20世纪80年代初开始，兵团全面开展了兵团、师（局）、团史志资料的征集和编辑工作。宣传部、教育部、党史研究室、地方志办公室等部门及团委、工会等组织出版了上千部简史、志书、史料选辑、回忆录和各种传记。在这些数亿文字中间，有大量生动活泼、感人肺腑、曲折动人的故事。拓展宣讲红色故事进校园活动，用典型红色故事来教育青少年（图

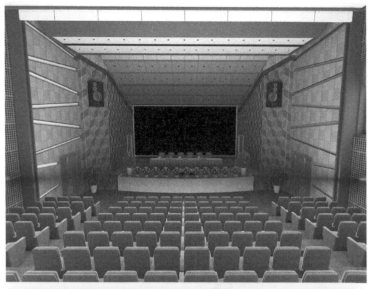

图 9　红色文化主题多功能报告厅设计效果图

图 10 建筑功能空间拓展：入口服务空间

11），一定能够达到预期的教育目的。

（1）深挖红色革命事迹的内涵。首先在讲述红色革命事迹过程中应当尽可能地突出独特性，各个不同的红色革命事迹都代表着不同的红色文化精神，吸引越来越多的游客能够停下脚步进行倾听，形成自己的优势。讲述红色革命事迹可以改变原有的说教方式，通过播放纪录片等方式，让游客能够更加真实地感受和体验到当时的英雄革命者所处的生活环境以及具体的生活状态，使游客能够以一个更加亲近的方式来体验英雄人物的真实精神状态，进一步深刻地感受到红色文化的内涵。比如

图 11　拓展宣讲红色故事进校园活动

说，可以鼓励游客通过穿军衣、戴军帽等方式来感受红色精神。在设计红色革命事迹口号时要将其艺术化，在生动形象的前提之下保证其更富有美感，一个好的口号能够给参观人留下更加深刻的印象，也能让越来越多的观看者尽可能地感同身受。

（2）探索具有亲和力、感染力的解说系统。红色文化场馆解说员的解说内容应当尽可能地与真实历史事迹相一致，解说员在解说的过程中要以一种更加亲切的方式来解说英雄人物的事迹，弘扬英雄人物的优秀革命精神和爱国精神，让游客在听解说的过程中能够感受到中华民族英雄人物的强大精神力量，引发自己的爱国共鸣。解说员在解说的过程中应当尽可能形成自己的解说特色，不能简单在网上抄袭，应当利用各种方法来将英雄事迹生动地解说出来，赢得游客的赞赏。解说员在解说的过程中应当尽可能用普通话来解说，因为一些游客听不懂方言，探索具有亲和力、感染力的红色文化解说系统。

结语

品红色建筑经典，阅党史润天山，领悟红色文化资源中的时代精神力量。红色文化资源作为一种艺术现象，具有经久不息生命力和内在动力。"每到重大历史关头，文化都能感国运之变化，发时代之先声，为伟大祖国鼓与呼"。"红色经典"要实现真正意义上的生命再造，不能仅仅停留在一个历史范式上，而是需要一大批有责任感、有使命感的改革家和文学家将"红色基因"世代传承、发扬光大，勇敢地屹立在时代潮头，创作出具有永久生命力，经得起历史、人民和市场检验的与时俱进的"红色建筑经典"！本次调查研究项目力求营造适应体验空间，吸引更多青少年在寻找红色足迹中，感受深刻的革命传统教育和爱国主义教育，传承和弘扬老一辈优秀的革命传统，把优秀的革命传统文化发扬光大。我们依旧需要回首曾经，去缅怀那段不容忘却的历史，纪念与追寻红色精神，引导当代人的世界观、人生观、价值观，促进当代的红色精神文明建设，激励爱国主义精神。